Systems Biology In Medicine: Unlocking the Secreats for Student Learning

மருத்துவத்தில் அமைப்பு உயிரியல்: மாணவர் கற்றலுக்கான ரகசியங்களைத் திறத்தல்

Rohan Malhotra

Systems Biology In Medicine: Unlocking the Secreats for Student Learning

Copyright © 2023 by Rohan Malhotra

The first edition was published in 2023

ISBN:
Published by:
Sunshine
1663 Liberty Drive
Hyderabad, IN 47403
www.Sunshinepublishers.com

This book is self-published using on-demand printing and publishing, which allows it to be printed and distributed globally

TABLE OF CONTNENT

Chapter 1: Introduction to Systems Biology in Medicine 10

- What is systems biology?
- Why is it relevant to medicine?
- Shift from traditional to systems-based thinking in medicine
- Examples of how systems biology is used in medicine
- Benefits and challenges of a systems approach

Chapter 2: Key Concepts in Systems Biology 29

- Networks and complex systems
- Modeling and simulation
- Omics technologies (genomics, proteomics, etc.)
- Big data analysis and interpretation
- Machine learning and artificial intelligence in medicine

Chapter 3: Applications of Systems Biology in Different Medical Fields 46

- Cancer: Understanding tumor growth, drug resistance, and personalized medicine

- Infectious diseases: Modeling disease spread, predicting outbreaks, and developing vaccines

- Cardiovascular diseases: Understanding risk factors, predicting complications, and developing new therapies

- Neurological diseases: Exploring the brain's circuitry, understanding neurodegenerative disorders, and developing treatments

- Personalized medicine: Tailoring treatments based on individual genetic and molecular profiles

Chapter 4: Engaging Students in Systems Biology Learning 66

- Active learning strategies: Case studies, simulations, problem-based learning

- Interdisciplinary collaboration: Integrating biology, engineering, computer science, mathematics

- Technology-mediated learning: Online tools and resources, virtual labs

- Project-based learning: Design and conduct research projects on real-world medical problems

- Communication and presentation skills: Sharing findings with peers and the public

Chapter 5: Challenges and Opportunities in Systems Biology Education 82

- Lack of awareness and understanding of systems biology
- Limited resources and infrastructure
- Difficulty integrating systems biology into traditional curricula
- Ethical considerations of big data and personalized medicine
- Cultivating a future generation of systems medicine practitioners

Chapter 6: The Future of Systems Biology in Medicine and Education 100

- Emerging trends and technologies in systems biology
- Continued integration of systems biology into medical practice
- Preparing students for careers in systems medicine
- The role of education in shaping a future of personalized and predictive healthcare

அத்தியாயம் 1: மருத்துவத்தில் அமைப்பு உயிரியல் அறிமுகம்

- அமைப்பு உயிரியல் என்றால் என்ன?

- மருத்துவத்துடன் இது ஏன் தொடர்புடையது?

- மருத்துவத்தில் பாரம்பரிய சிந்தனையிலிருந்து அமைப்பு-அடிப்படையிலான சிந்தனைக்கு மாற்றம்

- மருத்துவத்தில் அமைப்பு உயிரியல் எவ்வாறு பயன்படுத்தப்படுகிறது என்பதற்கான எடுத்துக்காட்டுகள்

- ஒரு அமைப்பு அணுகுமுறையின் நன்மைகள் மற்றும் சவால்கள்

அத்தியாயம் 2: அமைப்பு உயிரியலில் முக்கிய கருத்துக்கள்

- நெட்வொர்க்குகள் மற்றும் சிக்கலான அமைப்புகள்

- மாதிரியாக்கம் மற்றும் ஒத்திசைவு

- ஒமிக்ஸ் தொழில்நுட்பங்கள் (மரபணு, புரோட்டீன், முதலியன)

- பெரிய தரவு பகுப்பாய்வு மற்றும் விளக்கம்

- மருத்துவத்தில் இயந்திர கற்றல் மற்றும் செயற்கை நுண்ணறிவு

அத்தியாயம் 3: வெவ்வேறு மருத்துவ துறைகளில் சிஸ்டம்ஸ் உயிரியலின் பயன்பாடுகள்

- புற்றுநோய்: கட்டி வளர்ச்சி, மருந்து எதிர்ப்பு மற்றும் தனிப்பயனாக்கப்பட்ட மருத்துவத்தை புரிதல்

- பரவும் நோய்கள்: நோய்களின் பரவலை மாதிரியாக்குதல், தொற்றுநோய்களைக் கணிப்பது மற்றும் தடுப்பூசிகளை உருவாக்குதல்

- இதய நோய்கள்: ஆபத்து காரணிகளை புரிந்துகொள்வது, சிக்கல்களைக் கணிப்பது மற்றும் புதிய சிகிச்சைகளை உருவாக்குதல்

- நரம்பியல் நோய்கள்: மூளையின் சுற்றுச்சூழலை ஆராய்ந்து, நரம்பியல் சீரழிவு நோய்களைப் புரிந்துகொண்டு சிகிச்சைகளை உருவாக்குதல்

- தனிப்பயனாக்கப்பட்ட மருத்துவம்: தனிப்பட்ட மரபணு மற்றும் மூலக்கூறு சுயவிவரங்களை அடிப்படையாகக் கொண்ட சிகிச்சைகளைத் தயாரித்தல்

அத்தியாயம் 4: மாணவர்களை சிஸ்டம்ஸ் உயிரியல் கற்றலில் ஈடுபடுத்துதல்

- செயலில் கற்றல் உத்திகள்: கேஸ் ஸ்டடீஸ், சிமுலேஷன்கள், பிரச்சனை அடிப்படையிலான கற்றல்

- துறைசார் ஒத்துழைப்பு: உயிரியல், பொறியியல், கணினி அறிவியல், கணிதம் ஆகியவற்றை இணைத்தல்

- தொழில்நுட்பம் சார்ந்த கற்றல்: ஆன்லைன் கருவிகள் மற்றும் வளங்கள், மெய்நிகர் ஆய்வகங்கள்

- திட்ட அடிப்படையிலான கற்றல்: உண்மையான உலக மருத்துவ பிரச்சனைகள் குறித்த ஆராய்ச்சி திட்டங்களை வடிவமைத்து நடத்துதல்

- தகவல்தொடர்பு மற்றும் வழங்கல் திறன்கள்: கண்டுபிடிப்புகளை சகாக்கள் மற்றும் பொதுமக்களுடன் பகிர்ந்து கொள்ளுதல்

அத்தியாயம் 5: சிஸ்டம்ஸ் உயிரியல் கல்வியில் உள்ள சவால்கள் மற்றும் வாய்ப்புகள்

- சிஸ்டம்ஸ் உயிரியலைப் பற்றிய விழிப்புணர்வு மற்றும் புரிதலின்மை

- வரையறுக்கப்பட்ட வளங்கள் மற்றும் கட்டமைப்பு

- பாரம்பரிய பாடத்திட்டத்தில் சிஸ்டம்ஸ் உயிரியலை இணைப்பதில் சிரமம்

- பெரிய தரவு மற்றும் தனிப்பயனாக்கப்பட்ட மருத்துவத்தின் நெறி சார்ந்த கவலைகள்

- எதிர்கால சிஸ்டம்ஸ் மருத்துவ பயிற்சியாளர்களின் ஒரு தலைமுறையை வளர்ப்பது

அத்தியாயம் 6: மருத்துவம் மற்றும் கல்வியில் சிஸ்டம்ஸ் உயிரியலின் எதிர்காலம்

- சிஸ்டம்ஸ் உயிரியலில் தோன்றும் போக்குகள் மற்றும் தொழில்நுட்பங்கள்

- மருத்துவ நடைமுறையில் சிஸ்டம்ஸ் உயிரியலை தொடர்ந்து இணைத்தல்

- மாணவர்களை சிஸ்டம்ஸ் மருத்துவத்தில் பணிகளுக்காக தயார்படுத்துதல்

- தனிப்பயனாக்கப்பட்ட மற்றும் கணிப்பு சுகாதாரத்தின் எதிர்காலத்தை வடிவமைப்பதில் கல்வியின் பங்கு"

Chapter 1: Introduction to Systems Biology in Medicine

அத்தியாயம் 1: மருத்துவத்தில் அமைப்பு உயிரியல் அறிமுகம்

அமைப்பு உயிரியல் என்றால் என்ன?

அமைப்பு உயிரியல் என்பது உயிரினங்களை அவற்றின் கட்டமைப்பு மற்றும் செயல்பாட்டின் அடிப்படையில் ஆய்வு செய்யும் ஒரு உயிரியல் பிரிவு ஆகும். இது உயிரினங்களை அணு, மூலக்கூறு, உயிரணு, திசு, உறுப்பு, உறுப்பு அமைப்பு, உயிரினம் மற்றும் உயிரியல் சமூகம் போன்ற பல்வேறு படிநிலைகளில் ஆய்வு செய்கிறது.

அமைப்பு உயிரியலின் வரலாறு

அமைப்பு உயிரியலின் வரலாறு கிரேக்க தத்துவஞானிகளான அரிஸ்டாட்டில் மற்றும் ஹிப்போகிரேட்டஸின் படைப்புகளுடன் தொடங்குகிறது. இவர்கள் உயிரினங்களை அவற்றின் உடற்கூறியல் மற்றும் உடலியல் அம்சங்களை ஆய்வு செய்தனர்.

17 ஆம் நூற்றாண்டில், ரிச்சர்ட் ஹூக் மற்றும் லீவீனியஸ் ஸ்பைங்கர் ஆகியோர் உயிரணுவின் கண்டுபிடிப்பை ஏற்படுத்தினர். இது அமைப்பு

உயிரியலின் வளர்ச்சிக்கு ஒரு முக்கிய திருப்புமுனையாக அமைந்தது.

19 ஆம் நூற்றாண்டில், ரிச்சர்ட் ஓவென் மற்றும் தாமஸ் ஹக்ஸ்லி ஆகியோர் உயிரினங்களின் பரிணாமத்தை ஆய்வு செய்து, உயிரினங்கள் ஒரு பொதுவான மூதாதையரிடமிருந்து தோன்றியிருக்கலாம் என்று கண்டறிந்தனர். இந்த கண்டுபிடிப்பு அமைப்பு உயிரியலின் வளர்ச்சிக்கு மற்றொரு முக்கிய திருப்புமுனையாக அமைந்தது.

20 ஆம் நூற்றாண்டில், நுண்ணோக்கிகளின் முன்னேற்றம் மற்றும் உயிர்வேதியியல் மற்றும் இயற்பியலின் வளர்ச்சி ஆகியவை அமைப்பு உயிரியலின் வளர்ச்சியை துரிதப்படுத்தின.

அமைப்பு உயிரியலின் முக்கிய துறைகள்

அமைப்பு உயிரியல் பின்வரும் முக்கிய துறைகளை உள்ளடக்கியது:

- உயிரணு உயிரியல்
- திசு உயிரியல்
- உறுப்பு உயிரியல்
- உறுப்பு அமைப்பு உயிரியல்
- உயிரியல் சமூக உயிரியல்

உயிரணு உயிரியல்

உயிரணு உயிரியல் என்பது உயிரணுவின் கட்டமைப்பு, செயல்பாடு மற்றும் பரிணாமத்தை ஆய்வு செய்யும் ஒரு துறை ஆகும். இது உயிரணுவின் உருவவியல், கரிம வேதியியல் மற்றும் பரிணாமத்தை ஆய்வு செய்கிறது.

திசு உயிரியல்

திசு உயிரியல் என்பது உயிரினங்களை உருவாக்குவதற்கு ஒன்றாக இணைக்கப்பட்ட உயிரணுக்களின் குழுக்களைப் பற்றிய ஆய்வாகும். இது திசுக்களின் வகைகள், அவற்றின் பண்புகள் மற்றும் செயல்பாடுகளை ஆய்வு செய்கிறது.

உறுப்பு உயிரியல்

உறுப்பு உயிரியல் என்பது உயிரினங்களின் உடல் அமைப்புகளை உருவாக்கும் உறுப்புகளின் கட்டமைப்பு, செயல்பாடு மற்றும் பரிணாமத்தை ஆய்வு செய்யும் ஒரு துறை ஆகும். இது உறுப்புகளின் உருவவியல், கரிம வேதியியல் மற்றும் பரிணாமத்தை ஆய்வு செய்கிறது.

உறுப்பு அமைப்பு உயிரியல்

உறுப்பு அமைப்பு உயிரியல் என்பது உயிரினங்களின் உடல் அமைப்புகளைப் பற்றிய ஆய்வாகும். இது உறுப்பு அமைப்புகளின்

உருவவியல், கரிம வேதியியல் மற்றும் பரிணாமத்தை ஆய்வு செய்கிறது.

உயிரியல் சமூக உயிரியல்

உயிரியல் சமூக உயிரியல் என்பது உயிரினங்களின் சமூக அமைப்புகளைப் பற்றிய ஆய்வாகும். இது உயிரினங்களின் சமூக நடத்தை, உறவுகள் மற்றும் பரிணாமத்தை ஆய்வு செய்கிறது.

அமைப்பு உயிரியலின் பயன்கள்

அமைப்பு உயிரியல் பல பயன்களைக் கொண்டுள்ளது.

அமைப்பு உயிரியல் மற்றும் மருத்துவம்

அமைப்பு உயிரியல் என்பது உயிரினங்களை அவற்றின் கட்டமைப்பு மற்றும் செயல்பாட்டின் அடிப்படையில் ஆய்வு செய்யும் ஒரு உயிரியல் பிரிவு ஆகும். இது உயிரினங்களை அணு, மூலக்கூறு, உயிரணு, திசு, உறுப்பு, உறுப்பு அமைப்பு, உயிரினம் மற்றும் உயிரியல் சமூகம் போன்ற பல்வேறு படிநிலைகளில் ஆய்வு செய்கிறது.

மருத்துவம் என்பது நோய்களைக் குணப்படுத்துவதற்கான கலையும், அறிவியலும் ஆகும். இது நோய்களைக் கண்டுபிடிக்கவும், அவற்றை குணப்படுத்தவும், அவை வராமல் தடுக்கவும் உதவும் அறிவியல் அல்லது செயபாடு எனலாம்.

அமைப்பு உயிரியல் மற்றும் மருத்துவம் ஆகியவை ஒன்றோடொன்று நெருக்கமாக தொடர்புடையவை. அமைப்பு உயிரியல் நோய்களின் அடிப்படைக் காரணங்களைப் புரிந்துகொள்வதற்கு உதவுகிறது. இது புதிய மருந்துகள் மற்றும் சிகிச்சை முறைகளை உருவாக்குவதற்கும் உதவுகிறது.

அமைப்பு உயிரியல் மருத்துவத்திற்கு எவ்வாறு உதவுகிறது?

அமைப்பு உயிரியல் மருத்துவத்திற்கு பின்வரும் வழிகளில் உதவுகிறது:

* நோய்களின் அடிப்படைக் காரணங்களைப் புரிந்துகொள்வதில் உதவுகிறது. அமைப்பு உயிரியல் நோய்களின் உயிரியல் அடிப்படைகளை ஆய்வு செய்கிறது. இது நோய்களின் தோற்றம், வளர்ச்சி மற்றும் பரவல் ஆகியவற்றைப் புரிந்துகொள்வதற்கு உதவுகிறது.

* புதிய மருந்துகள் மற்றும் சிகிச்சை முறைகளை உருவாக்குவதற்கு உதவுகிறது. அமைப்பு உயிரியல் ஆராய்ச்சி நோய்களின் செயல்பாட்டை நன்கு புரிந்துகொள்வதற்கு உதவுகிறது. இது புதிய மருந்துகள் மற்றும் சிகிச்சை முறைகளை உருவாக்குவதற்கு உதவுகிறது.

* மருத்துவப் பயிற்சி மற்றும் நடைமுறைக்கு உதவுகிறது. அமைப்பு உயிரியல் ஆராய்ச்சி மருத்துவர்கள் நோய்களைக் கண்டறிதல், சிகிச்சை அளித்தல் மற்றும் தடுப்பதில் சிறப்பாக செயல்பட உதவுகிறது.

அமைப்பு உயிரியலின் பயன்பாடுகள்

அமைப்பு உயிரியல் பல மருத்துவப் பயன்களைக் கொண்டுள்ளது. இதில் பின்வருவன அடங்கும்:

- புதிய மருந்துகள் மற்றும் சிகிச்சை முறைகளின் வளர்ச்சி
- நோய்களின் தடுப்பு
- மருத்துவப் பயிற்சி மற்றும் நடைமுறை மேம்பாடு

அமைப்பு உயிரியலின் எடுத்துக்காட்டுகள்

அமைப்பு உயிரியலின் சில குறிப்பிடத்தக்க எடுத்துக்காட்டுகள் பின்வருவன:

- புற்றுநோய்க்கான சிகிச்சையில் பயன்படுத்தப்படும் உயிரியல் மருந்துகளின் வளர்ச்சி
- இரத்தக் கொதிப்பு மற்றும் இதய நோய்க்கான சிகிச்சையில் பயன்படுத்தப்படும் புதிய மருந்துகளின் வளர்ச்சி
- எய்ட்ஸ் மற்றும் பிற நோய்த்தொற்றுகளின் தடுப்பில் பயன்படுத்தப்படும் புதிய தடுப்பூசிகளின் வளர்ச்சி

முடிவுரை

அமைப்பு உயிரியல் என்பது மருத்துவம் மற்றும் பிற உயிரியல் துறைகளுக்கு மிக முக்கியமான ஒரு துறையாகும். இது நோய்களின் அடிப்படைக் காரணங்களைப் புரிந்துகொள்வதற்கும், புதிய மருந்துகள் மற்றும் சிகிச்சை முறைகளை

உருவாக்குவதற்கும் உதவுகிறது. அமைப்பு உயிரியல் ஆராய்ச்சி மருத்துவத்தை மேம்படுத்துவதில் முக்கிய பங்கு வகிக்கிறது.

உருவாக்குவதற்கும் உதவுகிறது. அமைப்பு உயிரியல் ஆராய்ச்சி மருத்துவத்தை மேம்படுத்துவதில் முக்கிய பங்கு வகிக்கிறது.

மருத்துவத்தில் பாரம்பரிய சிந்தனையிலிருந்து அமைப்பு-அடிப்படையிலான சிந்தனைக்கு மாற்றம்

மருத்துவம் என்பது நோய்களைக் குணப்படுத்துவதற்கான கலையும், அறிவியலும் ஆகும். இது நோய்களைக் கண்டுபிடிக்கவும், அவற்றை குணப்படுத்தவும், அவை வராமல் தடுக்கவும் உதவும் அறிவியல் அல்லது செயபாடு எனலாம்.

பாரம்பரிய மருத்துவம் என்பது நோய்களின் அடிப்படைக் காரணங்களைப் புரிந்துகொள்வதற்கு முன்பு இருந்த மருத்துவத்தின் வடிவமாகும். இந்த மருத்துவம் நோய்களின் அறிகுறிகளைக் குணப்படுத்துவதில் கவனம் செலுத்தியது. பாரம்பரிய மருத்துவத்தில் பயன்படுத்தப்படும் சில பொதுவான சிகிச்சை முறைகள் பின்வருமாறு:

- மருந்துகள்

- அறுவை சிகிச்சை

- உணவு மற்றும் வாழ்க்கை முறை மாற்றங்கள்

பாரம்பரிய மருத்துவம் பல நூற்றாண்டுகளாக பயன்பாட்டில் இருந்துள்ளது. இது பல நோய்களைக் குணப்படுத்த உதவியுள்ளது. இருப்பினும், பாரம்பரிய மருத்துவம் நோய்களின்

அடிப்படைக் காரணங்களைப் புரிந்துகொள்வதில் குறைபாடுகளை கொண்டுள்ளது.

அமைப்பு-அடிப்படையிலான மருத்துவம் என்பது நோய்களின் அடிப்படைக் காரணங்களைப் புரிந்துகொள்வதில் கவனம் செலுத்தும் ஒரு புதிய வகையான மருத்துவமாகும். இந்த மருத்துவம் நோய்களின் உயிரியல் அடிப்படைகளை ஆய்வு செய்கிறது. அமைப்பு-அடிப்படையிலான மருத்துவத்தில் பயன்படுத்தப்படும் சில பொதுவான சிகிச்சை முறைகள் பின்வருமாறு:

- உயிரியல் மருந்துகள்

- மரபணு சிகிச்சை

- உயிரணு சிகிச்சை

அமைப்பு-அடிப்படையிலான மருத்துவம் இன்னும் வளர்ச்சியில் உள்ளது. இருப்பினும், இது நோய்களைக் குணப்படுத்துவதற்கான புதிய வழிகளை வழங்குவதில் நம்பிக்கையைத் தூண்டுகிறது.

பாரம்பரிய சிந்தனையிலிருந்து அமைப்பு-அடிப்படையிலான சிந்தனைக்கு மாற்றம்

பாரம்பரிய சிந்தனையிலிருந்து அமைப்பு-அடிப்படையிலான சிந்தனைக்கு மருத்துவத்தில்

ஏற்பட்ட மாற்றம் பின்வரும் காரணிகளால் தூண்டப்பட்டது:

- அறிவியல் வளர்ச்சி
- உயிரியலின் புதிய கண்டுபிடிப்புகள்
- மருத்துவ ஆராய்ச்சியில் மேம்பாடு

அறிவியல் வளர்ச்சி, குறிப்பாக உயிரியலின் வளர்ச்சி, நோய்களின் அடிப்படைக் காரணங்களைப் புரிந்துகொள்வதற்கு வழிவகுத்தது. உயிரணு உயிரியல், மூலக்கூறு உயிரியல் மற்றும் மரபணு உயிரியல் ஆகிய துறைகளில் மேற்கொள்ளப்பட்ட ஆராய்ச்சிகள் நோய்களின் உயிரியல் அடிப்படைகளைப் பற்றிய புதிய புரிதலை வழங்கியுள்ளன.

மருத்துவ ஆராய்ச்சியில் மேம்பாடு, குறிப்பாக உயிரியல் மருந்துகள், மரபணு சிகிச்சை மற்றும் உயிரணு சிகிச்சை ஆகியவற்றின் வளர்ச்சி, அமைப்பு-அடிப்படையிலான மருத்துவத்தின் வளர்ச்சிக்கு வழிவகுத்தது. இந்த புதிய சிகிச்சை முறைகள் நோய்களின் அடிப்படைக் காரணங்களைத் தாக்க உதவுகின்றன.

அமைப்பு-அடிப்படையிலான மருத்துவத்தின் நன்மைகள்

அமைப்பு-அடிப்படையிலான மருத்துவம் பின்வரும் நன்மைகளை வழங்குகிறது:

- நோய்களின் அடிப்படைக் காரணங்களைப் புரிந்துகொள்ள உதவுகிறது
- புதிய மருந்துகள் மற்றும் சிகிச்சை முறைகளை உருவாக்க உதவுகிறது
- நோய்களின் தடுப்பு மற்றும் சிகிச்சையில் மேம்பாடுகளை ஏற்படுத்துகிறது

அமைப்பு-அடிப்படையிலான மருத்துவத்தின் எதிர்காலம்

அமைப்பு-அடிப்படையிலான மருத்துவம் மருத்துவத்தை மேம்படுத்துவதில் முக்கிய பங்கு வகிக்கும் என்று நம்பப்படுகிறது.

மருத்துவத்தில் அமைப்பு உயிரியல் எவ்வாறு பயன்படுத்தப்படுகிறது என்பதற்கான எடுத்துக்காட்டுகள்

அமைப்பு உயிரியல் என்பது உயிரினங்களை அவற்றின் கட்டமைப்பு மற்றும் செயல்பாட்டின் அடிப்படையில் ஆய்வு செய்யும் ஒரு உயிரியல் பிரிவு ஆகும். இது உயிரினங்களை அணு, மூலக்கூறு, உயிரணு, திசு, உறுப்பு, உறுப்பு அமைப்பு, உயிரினம் மற்றும் உயிரியல் சமூகம் போன்ற பல்வேறு படிநிலைகளில் ஆய்வு செய்கிறது.

மருத்துவத்தில், அமைப்பு உயிரியல் நோய்களின் அடிப்படைக் காரணங்களைப் புரிந்துகொள்வதற்கும், புதிய மருந்துகள் மற்றும் சிகிச்சை முறைகளை உருவாக்குவதற்கும் பயன்படுத்தப்படுகிறது.

அமைப்பு உயிரியலின் சில குறிப்பிடத்தக்க மருத்துவ பயன்பாடுகள் பின்வருமாறு:

- புற்றுநோய் சிகிச்சை: அமைப்பு உயிரியல் புற்றுநோய் வளர்ச்சியின் அடிப்படைக் காரணிகளைப் புரிந்துகொள்வதற்கு உதவியுள்ளது. இந்த புரிதல் புதிய புற்றுநோய் மருந்துகள் மற்றும் சிகிச்சை முறைகளின் வளர்ச்சிக்கு வழிவகுத்துள்ளது.

- இதய நோய் சிகிச்சை: அமைப்பு உயிரியல் இதய நோயின் அடிப்படைக் காரணிகளைப் புரிந்துகொள்வதற்கு உதவியுள்ளது. இந்த புரிதல் புதிய இதய நோய் மருந்துகள் மற்றும் சிகிச்சை முறைகளின் வளர்ச்சிக்கு வழிவகுத்துள்ளது.

- வீரிய ஒவ்வாமை நோய் சிகிச்சை: அமைப்பு உயிரியல் வீரிய ஒவ்வாமை நோய்களின் அடிப்படைக் காரணிகளைப் புரிந்துகொள்வதற்கு உதவியுள்ளது. இந்த புரிதல் புதிய வீரிய ஒவ்வாமை நோய் மருந்துகள் மற்றும் சிகிச்சை முறைகளின் வளர்ச்சிக்கு வழிவகுத்துள்ளது.

- நோய்த்தொற்று சிகிச்சை: அமைப்பு உயிரியல் நோய்த்தொற்றுகளின் அடிப்படைக் காரணிகளைப் புரிந்துகொள்வதற்கு உதவியுள்ளது. இந்த புரிதல் புதிய நோய்த்தொற்று மருந்துகள் மற்றும் சிகிச்சை முறைகளின் வளர்ச்சிக்கு வழிவகுத்துள்ளது.

அமைப்பு உயிரியலின் மூலம் மேம்படுத்தப்பட்ட சில குறிப்பிடத்தக்க மருத்துவ முன்னேற்றங்கள் பின்வருமாறு:

- அட்ரோமெடிசோல் (ஹார்மோன் சிகிச்சை) மற்றும் சிஸ்ப்ளாட்டினின் (கீமோதெரபி) கலவையானது மார்பக புற்றுநோயின்

சிகிச்சையில் மிகவும் பயனுள்ளதாக கண்டறியப்பட்டுள்ளது.

* ரெட்ரோவைரல் மருந்துகள் உயிர்வாழ்வதை மேம்படுத்தியுள்ளன மற்றும் எய்ட்ஸ் நோயாளிகளுக்கு வாழ்க்கைத் தரத்தை மேம்படுத்தியுள்ளன.

* இன்சுலின் இன்ஜெக்ஷன்கள் நீரிழிவு நோயாளிகளின் இரத்த சர்க்கரை அளவைக் கட்டுக்குள் வைக்க உதவுகின்றன.

அமைப்பு உயிரியல் மருத்துவத்தை மேம்படுத்துவதில் தொடர்ந்து முக்கிய பங்கு வகிக்கிறது. இந்த துறையின் முன்னேற்றம் புதிய மருந்துகள் மற்றும் சிகிச்சை முறைகளின் வளர்ச்சிக்கு வழிவகுக்கும் என்று நம்பப்படுகிறது, அவை பல நோய்களை குணப்படுத்த அல்லது அவற்றின் தாக்கத்தைக் குறைக்க உதவும்.

ஒரு அமைப்பு அணுகுமுறையின் நன்மைகள் மற்றும் சவால்கள்

ஒரு அமைப்பு அணுகுமுறை என்பது ஒரு சிக்கலான அமைப்பை அதன் கூறுகளின் தொடர்பு மற்றும் இடையூடாகப் புரிந்துகொள்ளும் ஒரு அணுகுமுறையாகும். இந்த அணுகுமுறை பல நன்மைகளை வழங்குகிறது, ஆனால் சில சவால்களையும் உள்ளடக்கியது.

நன்மைகள்

ஒரு அமைப்பு அணுகுமுறையின் நன்மைகள் பின்வருமாறு:

- சிக்கலான அமைப்புகளைப் புரிந்துகொள்ள உதவுகிறது: ஒரு அமைப்பு அணுகுமுறை ஒரு அமைப்பின் கூறுகளின் தொடர்பு மற்றும் இடையூடாகப் புரிந்துகொள்ள உதவுகிறது. இது ஒரு அமைப்பின் செயல்பாடு மற்றும் வளர்ச்சியைப் புரிந்துகொள்வதற்கு அவசியமானது.

- புதிய பார்வைகளை வழங்குகிறது: ஒரு அமைப்பு அணுகுமுறை ஒரு அமைப்பை புதிய வழியில் பார்க்க உதவுகிறது. இது ஒரு அமைப்பின் தற்போதைய நிலையை புரிந்துகொள்வதற்கும், அதை மேம்படுத்த வழிகளைக் கண்டுபிடிப்பதற்கும் உதவுகிறது.

- கலப்பு திறன்களை மேம்படுத்துகிறது: ஒரு அமைப்பு அணுகுமுறை கலப்பு திறன்களை மேம்படுத்த உதவுகிறது. இது ஒரு அமைப்பின் கூறுகளைப் பற்றிய அறிவைப் பயன்படுத்தி, அவற்றின் தொடர்பு மற்றும் இடையூடாகப் புரிந்துகொள்வதற்கு உதவுகிறது.

சவால்கள்

ஒரு அமைப்பு அணுகுமுறையின் சவால்கள் பின்வருமாறு:

- சிக்கலானதாக இருக்கலாம்: ஒரு அமைப்பு அணுகுமுறை ஒரு அமைப்பின் கூறுகளின் தொடர்பு மற்றும் இடையூடாகப் புரிந்துகொள்வதில் கவனம் செலுத்துகிறது. இது சிக்கலானதாக இருக்கலாம், ஏனெனில் ஒரு அமைப்பில் பல கூறுகள் மற்றும் தொடர்புகள் உள்ளன.

- தரவு தேவைப்படுகிறது: ஒரு அமைப்பு அணுகுமுறையை வெற்றிகரமாகப் பயன்படுத்த, ஒரு அமைப்பின் கூறுகளின் தொடர்பு மற்றும் இடையூடாகப் பற்றிய தரவு தேவைப்படுகிறது. இந்த தரவை சேகரிப்பது மற்றும் பகுப்பாய்வு செய்வது கடினமாக இருக்கலாம்.

- திறமையான விளக்கங்கள் தேவைப்படுகின்றன: ஒரு அமைப்பு

அணுகுமுறை ஒரு அமைப்பின் செயல்பாட்டை விளக்க வேண்டும். இந்த விளக்கங்கள் தெளிவான மற்றும் துல்லியமாக இருக்க வேண்டும்.

முடிவுரை

ஒரு அமைப்பு அணுகுமுறை பல நன்மைகளை வழங்குகிறது, ஆனால் சில சவால்களையும் உள்ளடக்கியது. இந்த அணுகுமுறையை வெற்றிகரமாகப் பயன்படுத்த, ஒரு அமைப்பின் சிக்கலான தன்மை மற்றும் தேவையான தரவு மற்றும் விளக்கங்களைப் புரிந்துகொள்வது அவசியம்.

அமைப்பு அணுகுமுறையின் சில எடுத்துக்காட்டுகள்

- மருத்துவம்: அமைப்பு அணுகுமுறை புற்றுநோய், இதய நோய் மற்றும் பிற நோய்களின் காரணங்களைப் புரிந்துகொள்வதற்குப் பயன்படுத்தப்படுகிறது.

- சமூகவியல்: அமைப்பு அணுகுமுறை சமூக அமைப்புகளின் செயல்பாடு மற்றும் வளர்ச்சியைப் புரிந்துகொள்வதற்குப் பயன்படுத்தப்படுகிறது.

- பொருளாதாரம்: அமைப்பு அணுகுமுறை பொருளாதார அமைப்புகளின் செயல்பாடு

மற்றும் வளர்ச்சியைப் புரிந்துகொள்வதற்குப் பயன்படுத்தப்படுகிறது.

- கணினி அறிவியல்: அமைப்பு அணுகுமுறை கணினி அமைப்புகளின் செயல்பாடு மற்றும் வளர்ச்சியைப் புரிந்துகொள்வதற்குப் பயன்படுத்தப்படுகிறது.

அமைப்பு அணுகுமுறையின் எதிர்காலம்

ஒரு அமைப்பு அணுகுமுறை நவீன உலகில் மேலும் மேலும் முக்கியத்துவம் பெறுகிறது. இது சிக்கலான அமைப்புகளைப் புரிந்துகொள்வதற்கும், அவற்றை மேம்படுத்த வழிகளைக் கண்டுபிடிப்பதற்கும் ஒரு சக்திவாய்ந்த கருவியாகும்.

Chapter 2: Key Concepts in Systems Biology

அத்தியாயம் 2: அமைப்பு உயிரியலில் முக்கிய கருத்துக்கள்

நெட்வொர்க்குகள் மற்றும் சிக்கலான அமைப்புகள்

நெட்வொர்க்குகள் மற்றும் சிக்கலான அமைப்புகள் இரண்டும் இணைக்கப்பட்ட கூறுகளின் தொகுப்பாகும். இருப்பினும், அவை சில முக்கிய வேறுபாடுகளைக் கொண்டுள்ளன.

நெட்வொர்க்குகள்

நெட்வொர்க்குகள் என்பது கூறுகள் இணைக்கப்படும் ஒரு வடிவமைப்பு ஆகும். இணைப்புகள் கூறுகளுக்கு இடையே தகவல்களைப் பரிமாறிக்கொள்ள அனுமதிக்கின்றன.

நெட்வொர்க்குகளின் சில எடுத்துக்காட்டுகள் பின்வருமாறு:

- இணையம்: இணையம் உலகெங்கிலும் உள்ள கணினிகளை இணைக்கும் ஒரு பெரிய நெட்வொர்க் ஆகும்.

- சமூக வலைப்பின்னல்கள்: சமூக வலைப்பின்னல்கள் மக்கள் ஒருவருக்கொருவர் இணைக்கும் நெட்வொர்க்குகள் ஆகும்.

- உயிரியல் நெட்வொர்க்குகள்: உயிரியல் நெட்வொர்க்குகள் செல்கள், திசுக்கள் மற்றும் உறுப்புகள் போன்ற உயிரியல் அமைப்புகளை இணைக்கும் நெட்வொர்க்குகள் ஆகும்.

சிக்கலான அமைப்புகள்

சிக்கலான அமைப்புகள் என்பது கூறுகள் ஒன்றோடொன்று தொடர்புகொண்டு ஒன்றோடொன்று இணைக்கப்பட்ட அமைப்புகள் ஆகும். இந்த தொடர்புகள் அமைப்பின் செயல்பாட்டை பாதிக்கின்றன.

சிக்கலான அமைப்புகளின் சில எடுத்துக்காட்டுகள் பின்வருமாறு:

- மனித உடல்: மனித உடல் பல உறுப்புகள் மற்றும் அமைப்புகள் ஒன்றோடொன்று இணைக்கப்பட்ட ஒரு சிக்கலான அமைப்பாகும்.

- பொருளாதாரம்: பொருளாதாரம் பல பொருட்கள் மற்றும் சேவைகள் ஒன்றோடொன்று இணைக்கப்பட்ட ஒரு சிக்கலான அமைப்பாகும்.

- காலநிலை அமைப்பு: காலநிலை அமைப்பு வானிலை, கடல் மற்றும் நிலப்பரப்பு போன்ற பல கூறுகள் ஒன்றோடொன்று இணைக்கப்பட்ட ஒரு சிக்கலான அமைப்பாகும்.

நெட்வொர்க்குகள் மற்றும் சிக்கலான அமைப்புகளின் ஒற்றுமைகள்

நெட்வொர்க்குகள் மற்றும் சிக்கலான அமைப்புகள் இரண்டும் இணைக்கப்பட்ட கூறுகளின் தொகுப்பாகும். இந்த கூறுகள் ஒன்றோடொன்று தொடர்புகொண்டு ஒன்றோடொன்று இணைக்கப்பட்டுள்ளன.

நெட்வொர்க்குகள் மற்றும் சிக்கலான அமைப்புகளின் வேறுபாடுகள்

நெட்வொர்க்குகள் மற்றும் சிக்கலான அமைப்புகளுக்கு இடையே சில முக்கிய வேறுபாடுகள் உள்ளன.

- நெட்வொர்க்குகளின் கூறுகள் பொதுவாக ஒரே மாதிரியானவை, அதே நேரத்தில் சிக்கலான அமைப்புகளின் கூறுகள் வெவ்வேறு வகையானவை.

- நெட்வொர்க்குகளில், கூறுகள் பொதுவாக நேரடியாக இணைக்கப்பட்டுள்ளன, அதே நேரத்தில் சிக்கலான அமைப்புகளில்,

கூறுகள் மறைமுகமாக இணைக்கப்பட்டிருக்கலாம்.

- நெட்வொர்க்குகளின் தொடர்புகள் பொதுவாக எளிமையானவை, அதே நேரத்தில் சிக்கலான அமைப்புகளின் தொடர்புகள் சிக்கலானவை.

நெட்வொர்க்குகள் மற்றும் சிக்கலான அமைப்புகளின் பயன்பாடுகள்

நெட்வொர்க்குகள் மற்றும் சிக்கலான அமைப்புகள் பல்வேறு பயன்பாடுகளுக்குப் பயன்படுத்தப்படுகின்றன.

- நெட்வொர்க்குகள் தகவல் பரிமாற்றம், இணைப்பு மற்றும் ஒருங்கிணைப்பு போன்ற பல்வேறு பணிகளுக்குப் பயன்படுத்தப்படுகின்றன.

- சிக்கலான அமைப்புகள் மாதிரி, முன்கணிப்பு, கட்டுப்பாட்டு மற்றும் வடிவமைப்பு போன்ற பல்வேறு பணிகளுக்குப் பயன்படுத்தப்படுகின்றன.

நெட்வொர்க்குகள் மற்றும் சிக்கலான அமைப்புகளின் எதிர்காலம்

நெட்வொர்க்குகள் மற்றும் சிக்கலான அமைப்புகள் நவீன உலகில் மேலும் மேலும் முக்கியத்துவம் பெறுகிறது.

மாதிரியாக்கம் மற்றும் ஒத்திசைவு

மாதிரியாக்கம் என்பது உண்மையான உலகின் ஒரு பகுதியை ஒரு பகுத்தறிவு மற்றும் சுருக்கப்பட்ட முறையில் விவரிக்க முயற்சிக்கும் ஒரு செயல்முறையாகும். மாதிரியாக்கம் என்பது சிக்கலான அமைப்புகளைப் புரிந்துகொள்வதற்கும், அவற்றை நிர்வகிப்பதற்கும் ஒரு சக்திவாய்ந்த கருவியாகும்.

ஒத்திசைவு என்பது இரண்டு அல்லது அதற்கு மேற்பட்ட அமைப்புகள் ஒன்றாக இணைந்து செயல்படுவதை உறுதிசெய்யும் செயல்முறையாகும். ஒத்திசைவு என்பது மாதிரியாக்கத்தின் ஒரு முக்கிய அம்சமாகும், ஏனெனில் இது மாதிரியின் உண்மையான உலகத்துடன் பொருந்துவதைக் கண்டறிய உதவுகிறது.

மாதிரியாக்கத்தின் வகைகள்

மாதிரியாக்கம் பல்வேறு வழிகளில் செய்யப்படலாம். சில பொதுவான வகைகள் பின்வருமாறு:

- கணினி மாதிரி: இது ஒரு கணினியில் இயங்கும் ஒரு கணித மாதிரி ஆகும்.

- உண்மையான மாதிரி: இது உண்மையான உலகில் உருவாக்கப்பட்ட ஒரு மாதிரி ஆகும்.

- கருத்துருவ மாதிரி: இது ஒரு அடிப்படை அளவில் ஒரு அமைப்பின் செயல்பாட்டை விவரிக்க முயற்சிக்கும் ஒரு மாதிரி ஆகும்.

ஒத்திசைவின் வகைகள்

ஒத்திசைவு பல்வேறு வழிகளில் அடையப்படலாம். சில பொதுவான வகைகள் பின்வருமாறு:

- தரவு ஒத்திசைவு: இது இரண்டு அல்லது அதற்கு மேற்பட்ட அமைப்புகளில் உள்ள தரவை ஒத்ததாக வைத்திருப்பதை உறுதிசெய்யும் செயல்முறையாகும்.

- நடவடிக்கை ஒத்திசைவு: இது இரண்டு அல்லது அதற்கு மேற்பட்ட அமைப்புகள் ஒன்றாக இணைந்து செயல்படுவதை உறுதிசெய்யும் செயல்முறையாகும்.

- திட்டமிடல் ஒத்திசைவு: இது இரண்டு அல்லது அதற்கு மேற்பட்ட அமைப்புகளின் செயல்களை ஒருங்கிணைப்பதை உறுதிசெய்யும் செயல்முறையாகும்.

மாதிரியாக்கம் மற்றும் ஒத்திசைவின் பயன்பாடுகள்

மாதிரியாக்கம் மற்றும் ஒத்திசைவு பல்வேறு பயன்பாடுகளுக்குப் பயன்படுத்தப்படுகின்றன. சில பொதுவான பயன்பாடுகள் பின்வருமாறு:

- வடிவமைப்பு மற்றும் மேம்பாடு: மாதிரியாக்கம் மற்றும் ஒத்திசைவு புதிய அமைப்புகளை வடிவமைக்கவும் மேம்படுத்தவும் பயன்படுத்தப்படலாம்.

- பராமரிப்பு: மாதிரியாக்கம் மற்றும் ஒத்திசைவு செயல்பாட்டு அமைப்புகளை பராமரிக்கவும் பயன்படுத்தப்படலாம்.

- கணினி உதவி கொண்ட முடிவெடுப்பு: மாதிரியாக்கம் மற்றும் ஒத்திசைவு கணினியால் உதவுதல் முடிவெடுப்பில் பயன்படுத்தப்படலாம்.

மாதிரியாக்கம் மற்றும் ஒத்திசைவின் எதிர்காலம்

மாதிரியாக்கம் மற்றும் ஒத்திசைவு நவீன உலகில் மேலும் மேலும் முக்கியத்துவம் பெறுகிறது. சிக்கலான அமைப்புகளின் வளர்ச்சியுடன், மாதிரியாக்கம் மற்றும் ஒத்திசைவு அவற்றைப் புரிந்துகொள்வதற்கும், அவற்றை நிர்வகிப்பதற்கும் இன்னும் அவசியமாகும்.

மாதிரியாக்கம் மற்றும் ஒத்திசைவின் சில எடுத்துக்காட்டுகள்

- என்ஜினீரிங்: பொறியாளர்கள் புதிய கட்டிடங்கள், திட்டங்கள் அல்லது

பொறியியல் அமைப்புகளை வடிவமைக்க மாதிரியாக்கம் மற்றும் ஒத்திசைவைப் பயன்படுத்துகின்றனர்.

- வணிகம்: வணிக நிறுவனங்கள் தங்கள் வாடிக்கையாளர் சேவை, உற்பத்தி அல்லது சப்ளை செயல்பாடுகளைப் புரிந்துகொள்வதற்கும் மேம்படுத்தவும் மாதிரியாக்கம் மற்றும் ஒத்திசைவைப் பயன்படுத்துகின்றன.

- செய்தித்தொடர்பு: செய்தி நிறுவனங்கள் நிகழ்வுகள் அல்லது போக்குகளைப் புரிந்துகொள்வதற்கும், அவற்றைப் பற்றிய செய்திகளைத் தயாரிப்பதற்கும் மாதிரியாக்கம் மற்றும் ஒத்திசைவைப் பயன்படுத்துகின்றன.

ஓமிக்ஸ் தொழில்நுட்பங்கள்: உயிரின் ரகசியங்களைத் திறக்கும் சாவிகள்

உயிரியல் அறிவியலில் ஒரு புரட்சி நடந்து கொண்டிருக்கிறது, அது "ஓமிக்ஸ்" தொழில்நுட்பங்களின் எழுச்சியால் இயக்கப்படுகிறது. இந்த சக்திவாய்ந்த கருவிகள் உயிரினங்களை அணு மற்றும் மூலக்கூறு மட்டத்தில் ஆய்வு செய்ய அனுமதிக்கின்றன, வாழ்க்கையின் அடிப்படை ரகசியங்களைப் பற்றிய நமது புரிதலைத் தீவிரமாக மாற்றிவிடுகின்றன.

இந்த தலைப்பில் 1600 வார்த்தைகளைக் கொண்ட கட்டுரைக்கு பரிந்துரைக்கும் உள்ளடக்கம் இங்கே:

ஓமிக்ஸ் தொழில்நுட்பங்கள் என்றால் என்ன?

ஓமிக்ஸ் தொழில்நுட்பங்கள் என்பது உயிரினங்களில் உள்ள மூலக்கூறுகளின் பெரிய குழுக்களை பகுப்பாய்வு செய்யும் பரந்த தலைப்பு ஆகும். "ஓமிக்ஸ்" என்ற இணைச்சொல் "ஜீனோம்" என்ற வார்த்தையிலிருந்து உருவானது, இது ஒரு உயிரினத்தின் மரபணுப் பொருளின் முழுமையான தொகுப்பாகும். இன்று, பல்வேறு ஓமிக்ஸ் தொழில்நுட்பங்கள் மூலம் நாம் பல்வேறு மூலக்கூறுகளை ஆய்வு செய்ய முடியும், அவை:

- ஜீனோமிக்ஸ்: மரபணுக்களை ஆய்வு செய்தல்.

- புரோட்டீனோமிக்ஸ்: புரோட்டீன்களை ஆய்வு செய்தல்.

- டிரான்ஸ்கிரிப்டோமிக்ஸ்: RNA மூலக்கூறுகளை ஆய்வு செய்தல், அவை மரபணுக்களிலிருந்து தகவல்களை புரோட்டீன்களாக மொழிபெயர்க்கின்றன.

- மெட்டாபோலோமிக்ஸ்: ஒரு உயிரணு அல்லது உயிரினத்தில் காணப்படும் சிறிய மூலக்கூறுகளை ஆய்வு செய்தல்.

- மைக்கிரோபையோம்: ஒரு உயிரினத்தின் குடலில் உள்ள நுண்ணுயிர்களின் சமூகத்தை ஆய்வு செய்தல்.

ஓமிக்ஸ் தொழில்நுட்பங்களின் செயல்பாடு எப்படி?

ஓமிக்ஸ் தொழில்நுட்பங்கள் பல்வேறு முறைகளைப் பயன்படுத்தி மூலக்கூறுகளை ஆய்வு செய்கின்றன. சில பொதுவான முறைகள் பின்வருமாறு:

- டிஎன்ஏ மைக்ரோஅரேக்கள்: நெருக்கமாக தொடர்புகொண்ட மரபணுக்களை அடையாளம் காண பயன்படுத்தப்படும் சிறிய சில்லுகள்.

- நவீன வரிசைமுறை தொழில்நுட்பங்கள்: மரபணுக்களின் முழுமையான வரிசைகளை தீர்மானிக்கப் பயன்படுத்தப்படும் வழிமுறைகள்.

- மூலக்கூறு நிறமாலையியல்: மூலக்கூறுகளின் கட்டமைப்பையும் அளவையும் தீர்மானிக்கப் பயன்படுத்தப்படும் தொழில்நுட்பங்கள்.

- உயிரி தகவல் ஆய்வு: பெரிய ஓமிக்ஸ் தரவுத்தொகுப்புகளை பகுப்பாய்வு செய்து அர்த்தம் கற்பிக்கப் பயன்படுத்தப்படும் கணினி முறைகள்.

பெரிய தரவு பகுப்பாய்வு மற்றும் விளக்கம்: தகவல் வெள்ளத்தில் இருந்து புதையலை வெளிப்படுத்துதல்

பெரிய தரவு (Big Data) என்பது பாரம்பரிய தரவுத்தளங்களின் சேமிப்புத் திறனை மீறும் தகவல்களின் பெரிய மற்றும் சிக்கலான தொகுப்புகளைக் குறிக்கிறது. இந்த தரவு பல்வேறு மூலங்களிலிருந்து வரலாம், விற்பனை பதிவுகள் முதல் சமூக வலைப்பின்னல் இடுகைகள் வரை, மருத்துவ பதிவுகள் முதல் வானிலை தரவு வரை.

பெரிய தரவு பகுப்பாய்வு என்பது இந்த பெரிய தரவுத்தொகுப்புகளிலிருந்து புரிந்துகொள்ளுதல்களைப் பிரித்தெடுக்கும் செயல்பாடாகும். இது தரவைக் கிராப்-வடிவங்களாகக் காட்சிப்படுத்துதல், புள்ளிவிவரங்கள் மற்றும் இயந்திர கற்றல் அல்காரிதங்களைப் பயன்படுத்தி மறைக்கப்பட்ட வடிவங்களை அடையாளம் காணுதல் மற்றும் தீர்க்கமான முடிவுகளை எடுப்பதற்கு தகவலைப் பயன்படுத்துதல் போன்ற பல்வேறு முறைகளை உள்ளடக்கியது.

பெரிய தரவு பகுப்பாய்வின் சவால்கள்:

பெரிய தரவு பகுப்பாய்வு பல சவால்களை முன்வைக்கிறது. இந்த சவால்கள் பின்வருமாறு:

- தரவு அளவு: பெரிய தரவுத்தொகுப்புகள் பாரம்பரிய கணினிகளின் திறனை மீறக்கூடும், இதனால் சேமிப்பு மற்றும் பகுப்பாய்வு கடினமாக இருக்கும்.

- தரவு வேற்றுமை: பெரிய தரவு பல்வேறு மூலங்களிலிருந்து வரலாம், அவை வெவ்வேறு வடிவங்கள் மற்றும் அமைப்புகளைக் கொண்டிருக்கலாம். இதை பகுப்பாய்வு செய்வது கடினமாக இருக்கும்.

- தரவு தரம்: பெரிய தரவுத்தொகுப்புகளில் பிழைகள், குறைபாடுகள் மற்றும் ஒவ்வொருமைகள் இருக்கலாம். இது தவறான முடிவுகளுக்கு வழிவகுக்கும்.

பெரிய தரவு பகுப்பாய்வின் நன்மைகள்:

இந்த சவால்களைச் சமாளித்தால், பெரிய தரவு பகுப்பாய்வு பல நன்மைகளை வழங்க முடியும். இந்த நன்மைகள் பின்வருமாறு:

- சிறந்த முடிவெடுத்தல்: பெரிய தரவு பகுப்பாய்வு முன்னோக்காகச் சிந்திக்க உதவுகிறது, எதிர்கால போக்குகளைக் கணிக்கிறது மற்றும் தகவல்களின் அடிப்படையில் சிறந்த முடிவுகளை எடுக்க உதவுகிறது.

- செயல்திறன் மேம்பாடு: பெரிய தரவு பகுப்பாய்வு செயல்முறைகளை தானியங்குபடுத்தி, வளங்களைச் சேமித்து

மற்றும் செயல்திறனை மேம்படுத்த உதவுகிறது.

- புதிய தயாரிப்புகள் மற்றும் சேவைகள்: பெரிய தரவு பகுப்பாய்வு வாடிக்கையாளர்களின் விருப்பங்கள் மற்றும் தேவைகளைப் பற்றிய புரிதலை மேம்படுத்தி, புதிய தயாரிப்புகள் மற்றும் சேவைகளை உருவாக்க உதவுகிறது.

பெரிய தரவு பகுப்பாய்வு எவ்வாறு செயல்படுகிறது?

பெரிய தரவு பகுப்பாய்வு பல்வேறு நிலைகளைக் கொண்ட ஒரு சிக்கலான செயல்முறை. இந்த நிலைகள் பின்வருமாறு:

- தரவு சேகரிப்பு: பெரிய தரவு பல்வேறு மூலங்களிலிருந்து சேகரிக்கப்படுகிறது.
- தரவு சுத்திகரிப்பு: சேகரிக்கப்பட்ட தரவு பிழைகள், குறைபாடுகள் மற்றும் ஒவ்வொருமைகளை நீக்க வேண்டும்.

மருத்துவத்தில் இயந்திர கற்றல் மற்றும் செயற்கை நுண்ணறிவு

மருத்துவம் என்பது ஒரு விரிவான மற்றும் சிக்கலான துறையாகும், இது தொடர்ந்து புதிய கண்டுபிடிப்புகளையும் முன்னேற்றங்களையும் கண்டறிந்து வருகிறது. இயந்திர கற்றல் மற்றும் செயற்கை நுண்ணறிவு (AI) போன்ற தொழில்நுட்பங்கள் மருத்துவத்தில் புரட்சியை ஏற்படுத்தியுள்ளன, மேலும் அவை நோய் கண்டறிதல், சிகிச்சை மற்றும் நோய்த்தடுப்பு ஆகியவற்றில் குறிப்பிடத்தக்க முன்னேற்றங்களை ஏற்படுத்தியுள்ளன.

மருத்துவத்தில் இயந்திர கற்றலின் பயன்பாடுகள்

இயந்திர கற்றல் என்பது தரவைப் பயிற்சி செய்து, அதை அடிப்படையாகக் கொண்டு முடிவுகளை எடுக்கும் திறன் கொண்ட கணினி அல்காரிதங்களின் ஒரு துறையாகும். மருத்துவத்தில், இயந்திர கற்றல் பின்வரும் பணிகளில் பயன்படுத்தப்படுகிறது:

- நோய் கண்டறிதல்: இயந்திர கற்றல் அல்காரிதங்கள் மருத்துவ படங்கள், தரவுத்தொகுப்புகள் மற்றும் பிற ஆதாரங்களைப் பயிற்சி செய்து, நோய்களைக் கண்டறிய உதவும். எடுத்துக்காட்டாக, இயந்திர கற்றல் அல்காரிதங்கள் புற்றுநோய், மாரடைப்பு

மற்றும் பிற தீவிர நோய்களைக் கண்டறியப் பயன்படுத்தப்படலாம்.

- சிகிச்சை: இயந்திர கற்றல் அல்காரிதங்கள் நோயாளிகளுக்கு சிறந்த சிகிச்சையைத் தீர்மானிக்கப் பயன்படுத்தப்படலாம். எடுத்துக்காட்டாக, இயந்திர கற்றல் அல்காரிதங்கள் புற்றுநோய் சிகிச்சையில் மருந்துகளின் பயன்பாட்டை மேம்படுத்தப் பயன்படுத்தப்படலாம்.

- நோய்த்தடுப்பு: இயந்திர கற்றல் அல்காரிதங்கள் நோய்களின் பரவலைத் தடுக்கப் பயன்படுத்தப்படலாம். எடுத்துக்காட்டாக, இயந்திர கற்றல் அல்காரிதங்கள் நோய்த்தொற்றுகளின் பரவலைக் கண்காணிக்கப் பயன்படுத்தப்படலாம்.

மருத்துவத்தில் செயற்கை நுண்ணறிவின் பயன்பாடுகள்

செயற்கை நுண்ணறிவு என்பது மனித நுண்ணறிவைப் போன்ற செயல்களைச் செய்யும் திறன் கொண்ட கணினிகளின் ஒரு துறையாகும். மருத்துவத்தில், செயற்கை நுண்ணறிவு பின்வரும் பணிகளில் பயன்படுத்தப்படுகிறது:

- மருத்துவ ஆலோசனை: செயற்கை நுண்ணறிவு அமைப்புகள் நோயாளிகளுக்கு

மருத்துவ ஆலோசனை வழங்கப் பயன்படுத்தப்படலாம். எடுத்துக்காட்டாக, செயற்கை நுண்ணறிவு அமைப்புகள் நோயாளிகளின் அறிகுறிகள் மற்றும் மருத்துவ வரலாற்றின் அடிப்படையில் சிகிச்சை விருப்பங்களைப் பரிந்துரைக்கலாம்.

- மருத்துவ உதவி: செயற்கை நுண்ணறிவு அமைப்புகள் மருத்துவர்களுக்கு உதவுவதற்காகப் பயன்படுத்தப்படலாம். எடுத்துக்காட்டாக, செயற்கை நுண்ணறிவு அமைப்புகள் மருத்துவ படங்களைப் பகுப்பாய்வு செய்ய, நோய்களைக் கண்டறிய மற்றும் சிகிச்சை திட்டங்களை உருவாக்க மருத்துவர்களுக்கு உதவலாம்.

- மருந்து ஆராய்ச்சி: செயற்கை நுண்ணறிவு அமைப்புகள் புதிய மருந்துகளைக் கண்டுபிடிக்கப் பயன்படுத்தப்படலாம். எடுத்துக்காட்டாக, செயற்கை நுண்ணறிவு அமைப்புகள் மருந்துகளின் உயிரியல் செயல்பாட்டைப் பகுப்பாய்வு செய்யப் பயன்படுத்தப்படலாம்.

Chapter 3: Applications of Systems Biology in Different Medical Fields

அத்தியாயம் 3: வெவ்வேறு மருத்துவ துறைகளில் சிஸ்டம்ஸ் உயிரியலின் பயன்பாடுகள்

புற்றுநோய்: கட்டி வளர்ச்சி, மருந்து எதிர்ப்பு மற்றும் தனிப்பயனாக்கப்பட்ட மருத்துவத்தை புரிதல்

புற்றுநோய் என்பது ஒரு செல்லுலார் அளவிலான நோயாகும், இது ஒரு செல் அல்லது செல்களின் குழுவின் கட்டுப்பாடற்ற வளர்ச்சியால் வகைப்படுத்தப்படுகிறது. இது உலகில் மிகவும் பொதுவான மரணக் காரணங்களில் ஒன்றாகும், 2020 இல் 9.5 மில்லியன் மக்கள் இறந்தனர்.

புற்றுநோய் வளர்ச்சியின் படிநிலைகள்

புற்றுநோய் வளர்ச்சி பொதுவாக நான்கு படிநிலைகளாகப் பிரிக்கப்படுகிறது:

- நிலை 0: புற்றுநோய் செல்கள் அடிப்படை திசுவில் மட்டுமே உள்ளன.

- நிலை 1: புற்றுநோய் செல்கள் அடிப்படை திசுவிலிருந்து அருகிலுள்ள திசுக்களில் பரவி உள்ளன.

- நிலை 2: புற்றுநோய் செல்கள் அடிப்படை திசுவிலிருந்து தொலைதூர திசுக்களில் பரவி உள்ளன, ஆனால் அவை இன்னும் சிகிச்சைக்கு உட்படக்கூடியவை.

- நிலை 3: புற்றுநோய் செல்கள் அடிப்படை திசுவிலிருந்து தொலைதூர திசுக்களில் பரவி உள்ளன, மேலும் அவை சிகிச்சைக்கு கடினமாக இருக்கும்.

புற்றுநோய் வளர்ச்சியின் காரணிகள்

புற்றுநோய் வளர்ச்சியின் காரணிகள் பின்வருமாறு:

- மரபியல்: சில மரபணு மாற்றங்கள் புற்றுநோய்க்கு ஆபத்தை அதிகரிக்கின்றன.

- சுற்றுச்சூழல் காரணிகள்: சில சுற்றுச்சூழல் காரணிகள், புகைபிடித்தல், அதிகப்படியான சூரிய ஒளி வெளிப்பாடு மற்றும் மரபணு மாற்றங்களை ஏற்படுத்தும் வேதியியல் பொருட்கள் போன்றவை புற்றுநோய்க்கு ஆபத்தை அதிகரிக்கின்றன.

- வயது: வயது அதிகரிக்கும்போது புற்றுநோய்க்கான ஆபத்து அதிகரிக்கிறது.

புற்றுநோய் சிகிச்சைகள்

புற்றுநோய் சிகிச்சைகள் பின்வருமாறு:

- நுண்ணுயிர் எதிர்ப்பிகள்: நுண்ணுயிர் எதிர்ப்பிகள் பாக்டீரியா தொற்றுகளால் ஏற்படும் புற்றுநோய்க்கு சிகிச்சையளிக்கப் பயன்படுத்தப்படுகின்றன.

- கீமோதெரபி: கீமோதெரபி மருந்துகள் புற்றுநோய் செல்களை அழிக்கப் பயன்படுத்தப்படுகின்றன.

- ரேடியோதெரபி: ரேடியோதெரபி கதிர்வீச்சு புற்றுநோய் செல்களை அழிக்கப் பயன்படுத்தப்படுகிறது.

- சர்ஜரி: அறுவை சிகிச்சை புற்றுநோய் செல்களை அகற்றப் பயன்படுத்தப்படுகிறது.

மருந்து எதிர்ப்பு

புற்றுநோய் செல்கள் சில நேரங்களில் சிகிச்சைக்கு எதிராக மாறுவதை உருவாக்குகின்றன, இது மருந்து எதிர்ப்பு என்று அழைக்கப்படுகிறது. மருந்து எதிர்ப்பு புற்றுநோய் சிகிச்சையை மிகவும் கடினமாக்குகிறது.

தனிப்பயனாக்கப்பட்ட மருத்துவம்

தனிப்பயனாக்கப்பட்ட மருத்துவம் என்பது புற்றுநோய் நோயாளிகளுக்கு அவர்களின் தனிப்பட்ட புற்றுநோய் மரபணு மாற்றங்களுக்கு ஏற்ப சிகிச்சையைத் திட்டமிடும் ஒரு

அணுகுமுறையாகும். தனிப்பயனாக்கப்பட்ட மருத்துவம் புற்றுநோய் சிகிச்சையின் செயல்திறனை மேம்படுத்த உதவும் என்று நம்பப்படுகிறது.

புற்றுநோய் பற்றிய எதிர்காலம்

புற்றுநோய் பற்றிய ஆராய்ச்சி தொடர்ந்து முன்னேறி வருகிறது. புதிய சிகிச்சைகள் மற்றும் தடுப்பு முறைகள் உருவாக்கப்பட்டுள்ளன, மேலும் புற்றுநோய் சிகிச்சையின் செயல்திறன் மேம்படுத்தப்பட்டுள்ளது. புற்றுநோய்க்கு எதிரான போராட்டத்தில் குறிப்பிடத்தக்க முன்னேற்றங்கள் ஏற்பட்டுள்ளன, மேலும் எதிர்காலத்தில் மேலும் முன்னேற்றங்கள் ஏற்படும் என்று நம்பப்படுகிறது.

பரவும் நோய்கள்: நோய்களின் பரவலை மாதிரியாக்குதல், தொற்றுநோய்களைக் கணிப்பது மற்றும் தடுப்பூசிகளை உருவாக்குதல்

பரவும் நோய்கள் என்பது ஒரு நபர் அல்லது விலங்கு மற்றொரு நபர் அல்லது விலங்குக்கு நோயை பரப்பும் திறன் கொண்ட நோய்களாகும். பரவும் நோய்கள் பெரும்பாலும் தொற்றுநோய்களாகக் கருதப்படுகின்றன, ஆனால் அவை மரபணு நோய்கள் அல்லது சுற்றுச்சூழல் காரணிகளால் ஏற்படலாம்.

நோய்களின் பரவலை மாதிரியாக்குதல்

நோய்களின் பரவலை மாதிரியாக்குதல் என்பது நோய்கள் எவ்வாறு பரவுகின்றன என்பதைப் புரிந்துகொள்ள உதவும் ஒரு முக்கிய கருத்தாகும். நோய்களின் பரவலை மாதிரியாக்குவதன் மூலம், நோய்களின் பரவலைக் கணிக்கவும், அவற்றை எவ்வாறு கட்டுப்படுத்தலாம் என்பதைப் புரிந்துகொள்ளவும் முடியும்.

நோய்களின் பரவலை மாதிரியாக்கப் பயன்படுத்தப்படும் பல வெவ்வேறு மாதிரிகள் உள்ளன. இந்த மாதிரிகள் பொதுவாக நோய்த்தொற்றுகளின் பரவலுக்கு பொறுப்பான காரணிகளைக் கருத்தில் கொள்கின்றன, அவை:

- நோய்த்தொற்றின் ஆதாரம்: நோய்த்தொற்றின் ஆதாரம் என்னவென்று, அது எவ்வாறு பரவுகிறது என்பதைப் புரிந்துகொள்வது முக்கியம்.

- நோய்த்தொற்றின் வழித்தடங்கள்: நோய்த்தொற்று எவ்வாறு ஒரு நபரிடமிருந்து மற்றொரு நபருக்கு பரவுகிறது என்பதைப் புரிந்துகொள்வது முக்கியம்.

- மக்கள்தொகையின் பாலியல் மற்றும் வயது விநியோகம்: மக்கள்தொகையின் பாலியல் மற்றும் வயது விநியோகம் நோய்த்தொற்றின் பரவலை பாதிக்கும்.

- சமூக நடத்தை: சமூக நடத்தை, எடுத்துக்காட்டாக, சுகாதாரப் பழக்கவழக்கங்கள் மற்றும் பயணம், நோய்த்தொற்றின் பரவலை பாதிக்கும்.

தொற்றுநோய்களைக் கணிப்பது

தொற்றுநோய்களைக் கணிப்பது என்பது நோய்த்தொற்றுகளின் பரவலை எதிர்காலத்தில் எவ்வாறு இருக்கும் என்பதை முன்னறிவிக்கும் ஒரு முக்கிய செயல்முறையாகும். தொற்றுநோய்களைக் கணிப்பதன் மூலம், நோய்த்தொற்றுகளின் பரவலைத் தடுக்க அல்லது குறைக்க நடவடிக்கை எடுக்கலாம்.

தொற்றுநோய்களைக் கணிக்கப் பயன்படுத்தப்படும் பல வெவ்வேறு முறைகள் உள்ளன. இந்த முறைகள் பொதுவாக நோய்களின் பரவலை மாதிரியாக்கப் பயன்படுத்தப்படும் மாதிரிகளை அடிப்படையாகக் கொண்டவை.

தடுப்பூசிகளை உருவாக்குதல்

தடுப்பூசிகள் என்பது நோய்த்தொற்றுகளைத் தடுக்கப் பயன்படுத்தப்படும் மருந்துகள் ஆகும். தடுப்பூசிகள் நோய்த்தொற்றுகளின் காரணமான நுண்ணுயிரிகளைக் கொல்லவோ அல்லது செயலிழக்கச் செய்யவோ வடிவமைக்கப்பட்டுள்ளன.

தடுப்பூசிகளை உருவாக்குவது ஒரு சிக்கலான செயல்முறையாகும். தடுப்பூசிகள் நோய்த்தொற்றுகளின் காரணமான நுண்ணுயிரிகளைக் கொல்லவோ அல்லது செயலிழக்கச் செய்யவோ திறன் கொண்டவை என்பதை உறுதிப்படுத்த வேண்டும். தடுப்பூசிகள் பாதுகாப்பானவை மற்றும் பயனுள்ளவை என்பதையும் உறுதிப்படுத்த வேண்டும்.

பரவும் நோய்களின் எதிர்காலம்

பரவும் நோய்கள் மனிதகுலத்திற்கு ஒரு பெரிய அச்சுறுத்தலாக உள்ளன. பரவும் நோய்கள்

பரவலான நோய் மற்றும் இறப்புக்கு வழிவகுக்கும்.

பரவலான நோய் மற்றும் இறப்புக்கு வழிவகுக்கும்.

இதய நோய்கள்: ஆபத்து காரணிகளை புரிந்துகொள்வது, சிக்கல்களைக் கணிப்பது மற்றும் புதிய சிகிச்சைகளை உருவாக்குதல்

இதய நோய் என்பது உலகில் மிகவும் பொதுவான மரணக் காரணங்களில் ஒன்றாகும். இது இதயத்தின் செயல்பாட்டை பாதிக்கும் ஒரு நிலையில் உள்ளது. இதய நோய்க்கு பல காரணங்கள் உள்ளன, அவற்றில் சில ஆபத்து காரணிகள் கட்டுப்படுத்தக்கூடியவை, மற்றவை இல்லை.

இதய நோய்க்கான ஆபத்து காரணிகள்

இதய நோய்க்கான ஆபத்து காரணிகள் பின்வருமாறு:

- மரபியல்: சில மரபணு மாற்றங்கள் இதய நோய்க்கு ஆபத்தை அதிகரிக்கலாம்.

- வயது: வயது அதிகரிக்கும்போது இதய நோய்க்கான ஆபத்து அதிகரிக்கிறது.

- ஆண்: ஆண்கள் பெண்களை விட இதய நோய்க்கு அதிக ஆபத்தில் உள்ளனர்.

- குடும்ப வரலாறு: இதய நோய்க்கான குடும்ப வரலாறு இருப்பது இதய நோய்க்கான ஆபத்தை அதிகரிக்கிறது.

- உயர் இரத்த அழுத்தம்: உயர் இரத்த அழுத்தம் இதய நோய்க்கான முக்கிய ஆபத்து காரணியாகும்.

- உயர் கொழுப்பு: உயர் கொழுப்பு, குறிப்பாக LDL கொழுப்பு, இதய நோய்க்கான ஆபத்தை அதிகரிக்கிறது.

- சர்க்கரை நோய்: சர்க்கரை நோய் இதய நோய்க்கான ஆபத்தை அதிகரிக்கிறது.

- புகைத்தல்: புகைபிடித்தல் இதய நோய்க்கான முக்கிய ஆபத்து காரணியாகும்.

- நீரிழிவு: நீரிழிவு இதய நோய்க்கான ஆபத்தை அதிகரிக்கிறது.

- மோசமான உணவுப் பழக்கம்: மோசமான உணவுப் பழக்கம், குறிப்பாக அதிக கொழுப்பு, சர்க்கரை மற்றும் உப்பு ஆகியவற்றை உட்கொள்வது இதய நோய்க்கான ஆபத்தை அதிகரிக்கிறது.

- மோசமான உடல் செயல்பாடு: மோசமான உடல் செயல்பாடு இதய நோய்க்கான ஆபத்தை அதிகரிக்கிறது.

இதய நோயின் சிக்கல்கள்

இதய நோய் பல சிக்கல்களை ஏற்படுத்தும். இந்த சிக்கல்களில் பின்வருவன அடங்கும்:

- இதயத் தாக்குதல்: இதயத் தாக்குதல் என்பது இதய தசைக்கு இரத்த ஓட்டம் தடைபடும்போது ஏற்படும் ஒரு தீவிர நிலை.

- இதய செயலிழப்பு: இதய செயலிழப்பு என்பது இதயம் உடலின் தேவைகளைப் பூர்த்தி செய்ய போதுமான இரத்தத்தை பம்ப் செய்ய முடியாதபோது ஏற்படும் ஒரு நிலை.

- இதயத் தசை தீவிரமடைதல்: இதயத் தசை தீவிரமடைதல் என்பது இதய தசை தடிமனாகி, இதயத்திற்கு இரத்தத்தை பம்ப் செய்வது கடினமாக்கும் ஒரு நிலை.

- இதய துடிப்பு இதய நோய்: இதய துடிப்பு இதய நோய் என்பது இதயத் துடிப்பின் அசாதாரண தாளம்.

- இதய வால்வு நோய்: இதய வால்வு நோய் என்பது இதய வால்வுகள் சரியாக செயல்படாதபோது ஏற்படும் ஒரு நிலை.

இதய நோய்க்கான சிகிச்சைகள்

இதய நோய்க்கான சிகிச்சைகள் ஆபத்து காரணிகளைக் கட்டுப்படுத்துவதை நோக்கமாகக் கொண்டுள்ளன. ஆபத்து காரணிகளைக் கட்டுப்படுத்த உதவும் சில சிகிச்சைகள் பின்வருமாறு:

- உயர் இரத்த அழுத்தம்: உயர் இரத்த அழுத்தத்தைக் கட்டுப்படுத்த மருந்துகள் அல்லது வாழ்க்கை முறை மாற்றங்கள் பயன்படுத்தப்படலாம்.

- உயர் கொழுப்பு: உயர் கொழுப்பைக் கட்டுப்படுத்த மருந்துகள் அல்லது வாழ்க்கை முறை மாற்றங்கள் பயன்படுத்தப்படலாம்.

- சர்க்கரை நோய்: சர்க்கரை நோயை நன்கு கட்டுப்படுத்த மருந்துகள் அல்லது வாழ்க்கை முறை மாற்றங்கள் பயன்படுத்தப்படலாம்.

நரம்பியல் நோய்கள்: மூளையின் சுற்றுச்சூழலை ஆராய்ந்து, நரம்பியல் சீரழிவு நோய்களைப் புரிந்துகொண்டு சிகிச்சைகளை உருவாக்குதல்

நரம்பியல் நோய்கள் என்பது மூளை, முதுகெலும்பு அல்லது மைய நரம்பு மண்டலத்தின் பிற பகுதிகளை பாதிக்கும் நோய்களாகும். இந்த நோய்கள் மூளையின் செயல்பாட்டை பாதிக்கலாம், இது தசை பலவீனம், கூடுதல் உணர்வுகள், மனநிலை மாற்றங்கள் அல்லது அறிவாற்றல் இழப்பு போன்ற அறிகுறிகளுக்கு வழிவகுக்கும்.

நரம்பியல் நோய்கள் பல காரணங்களால் ஏற்படலாம். சில நோய்கள் மரபணு மாற்றங்களால் ஏற்படுகின்றன, மற்றவை சுற்றுச்சூழல் காரணிகளால் ஏற்படுகின்றன, மேலும் சில நோய்கள் தெளிவற்ற காரணங்களால் ஏற்படுகின்றன.

மூளையின் சுற்றுச்சூழலை ஆராய்தல்

நரம்பியல் நோய்களின் காரணங்களைப் புரிந்துகொள்வதற்கான ஒரு முக்கிய வழியான மூளையின் சுற்றுச்சூழலை ஆராய்வது. இந்த ஆராய்ச்சி மூளையின் செல்கள் மற்றும் துகள்கள் எவ்வாறு தொடர்புகொள்கின்றன என்பதை புரிந்துகொள்ள உதவுகிறது, மேலும் நோய்கள் இந்த தொடர்புகளை எவ்வாறு

பாதிக்கின்றன என்பதை அடையாளம் காண உதவுகிறது.

மூளையின் சுற்றுச்சூழலை ஆராய்வதற்கான ஒரு வழியாகும் மூளையின் வளர்ச்சி மற்றும் வளர்ச்சியை ஆய்வு செய்தல். இந்த ஆராய்ச்சி மூளையின் செல்கள் எவ்வாறு உருவாகின்றன மற்றும் பழுதுபார்க்கின்றன என்பதைப் புரிந்துகொள்ள உதவுகிறது, மேலும் நோய்கள் இந்த செயல்முறைகளை எவ்வாறு பாதிக்கின்றன என்பதை அடையாளம் காண உதவுகிறது.

மூளையின் சுற்றுச்சூழலை ஆராய்வதற்கான மற்றொரு வழியாகும் மூளையின் செயல்பாட்டை கண்காணித்தல். இந்த ஆராய்ச்சி மூளையின் பல்வேறு பகுதிகள் எவ்வாறு ஒன்றோடொன்று தொடர்புகொள்கின்றன என்பதைப் புரிந்துகொள்ள உதவுகிறது, மேலும் நோய்கள் இந்த தொடர்புகளை எவ்வாறு பாதிக்கின்றன என்பதை அடையாளம் காண உதவுகிறது.

நரம்பியல் சீரழிவு நோய்களைப் புரிந்துகொள்தல்

நரம்பியல் சீரழிவு நோய்கள் என்பது மூளையின் செல்கள் மற்றும் துகள்கள் அழிக்கப்படும் நோய்களாகும். இந்த நோய்கள் பொதுவாக படிப்படியாக முன்னேறுகின்றன மற்றும் தீவிர அறிகுறிகளுக்கு வழிவகுக்கும்.

நரம்பியல் சீரழிவு நோய்களின் காரணங்களைப் புரிந்துகொள்வது சிகிச்சைகளை உருவாக்குவதற்கு முக்கியம். இந்த நோய்களின் காரணங்கள் இன்னும் முழுமையாக புரிந்து கொள்ளப்படவில்லை என்றாலும், ஆராய்ச்சியாளர்கள் சில முன்னேற்றங்களைச் செய்துள்ளனர்.

உதாரணமாக, ஆராய்ச்சியாளர்கள் சில நரம்பியல் சீரழிவு நோய்கள் மரபணு மாற்றங்களால் ஏற்படுகின்றன என்பதைக் கண்டறிந்துள்ளனர். இந்த மாற்றங்கள் மூளையின் செல்கள் மற்றும் துகள்களின் வளர்ச்சி மற்றும் செயல்பாட்டை பாதிக்கலாம்.

ஆராய்ச்சியாளர்கள் சில நரம்பியல் சீரழிவு நோய்கள் சுற்றுச்சூழல் காரணிகளால் ஏற்படுகின்றன என்பதையும் கண்டறிந்துள்ளனர். இந்த காரணிகள் ரசாயனங்கள், நச்சுகள் அல்லது தொற்றுநோய்கள் போன்றவை.

நரம்பியல் சீரழிவு நோய்களுக்கு சிகிச்சைகள்

நரம்பியல் சீரழிவு நோய்களுக்கு தற்போது எந்த நிரந்தர சிகிச்சையும் இல்லை. இருப்பினும், சில சிகிச்சைகள் அறிகுறிகளைக் குறைக்க அல்லது நோயின் முன்னேற்றத்தைக் குறைக்க உதவும்.

நரம்பியல் சீரழிவு நோய்களுக்கு சிகிச்சை அளிப்பதற்கான ஒரு வழி மருந்துகளைப் பயன்படுத்துவது.

நரம்பியல் சீரழிவு நோய்களுக்கு சிகிச்சை அளிப்பதற்கான ஒரு வழி மருந்துகளைப் பயன்படுத்துவது.

தனிப்பயனாக்கப்பட்ட மருத்துவம்: தனிப்பட்ட மரபணு மற்றும் மூலக்கூறு சுயவிவரங்களை அடிப்படையாகக் கொண்ட சிகிச்சைகளைத் தயாரித்தல்

தனிப்பயனாக்கப்பட்ட மருத்துவம் என்பது ஒரு புதிய மருத்துவ அணுகுமுறையாகும், இது ஒவ்வொரு நோயாளிக்கும் அவர்களின் தனிப்பட்ட மரபணு மற்றும் மூலக்கூறு சுயவிவரங்களை அடிப்படையாகக் கொண்ட சிகிச்சைகளைத் தயாரிக்கிறது. இந்த அணுகுமுறை நோய்களைப் புரிந்துகொள்வதற்கும் சிகிச்சை செய்வதற்கும் புதிய வழிகளை வழங்குகிறது.

தனிப்பயனாக்கப்பட்ட மருத்துவத்தின் நன்மைகள்

தனிப்பயனாக்கப்பட்ட மருத்துவம் பின்வரும் நன்மைகளை வழங்குகிறது:

- மேம்பட்ட செயல்திறன்: தனிப்பயனாக்கப்பட்ட சிகிச்சைகள் ஒவ்வொரு நோயாளியின் தனிப்பட்ட தேவைகளுக்கு ஏற்றவாறு வடிவமைக்கப்படுகின்றன, இது அதிக செயல்திறனை வழங்குகிறது.

- குறைந்த பக்க விளைவுகள்: தனிப்பயனாக்கப்பட்ட சிகிச்சைகள் பிற நோயாளிகளுக்குப்

பயனுள்ளதாக இல்லாத நோயாளிகளுக்கு பயனுள்ளதாக இருக்கும், இது பக்க விளைவுகளின் அபாயத்தைக் குறைக்கிறது.

- மலிவு செலவு: தனிப்பயனாக்கப்பட்ட சிகிச்சைகள் பொதுவாக பாரம்பரிய சிகிச்சைகளை விட மலிவு செலவாகும்.

தனிப்பயனாக்கப்பட்ட மருத்துவத்தின் சவால்கள்

தனிப்பயனாக்கப்பட்ட மருத்துவம் பின்வரும் சவால்களை எதிர்கொள்கிறது:

- தரவு சேகரிப்பு: தனிப்பயனாக்கப்பட்ட சிகிச்சைகளை உருவாக்க, நோயாளிகளின் மரபணு மற்றும் மூலக்கூறு தரவு சேகரிக்கப்பட வேண்டும். இந்த தரவை சேகரிக்கவும் பகுப்பாய்வு செய்யவும் அதிக நேரம் மற்றும் செலவு தேவைப்படுகிறது.

- சட்ட மற்றும் ஒழுங்குமுறை சவால்கள்: தனிப்பயனாக்கப்பட்ட சிகிச்சைகள் புதியவை மற்றும் அவற்றை சட்டப்பூர்வமாக ஒழுங்குபடுத்துவதற்கு தேவையான சட்டங்கள் மற்றும் ஒழுங்குமுறைகள் இன்னும் வளர்ச்சியில் உள்ளன.

தனிப்பயனாக்கப்பட்ட மருத்துவத்தின் எதிர்காலம்

தனிப்பயனாக்கப்பட்ட மருத்துவம் மருத்துவத்தின் எதிர்காலத்தில் ஒரு முக்கிய பங்கு வகிக்கும் என்று எதிர்பார்க்கப்படுகிறது. இந்த அணுகுமுறை நோய்களைப் புரிந்துகொள்வதற்கும் சிகிச்சை செய்வதற்கும் புதிய வழிகளை வழங்குகிறது, மேலும் இது நோயாளிகளுக்கு சிறந்த முடிவுகளை வழங்க வாய்ப்புள்ளது.

தனிப்பயனாக்கப்பட்ட மருத்துவத்தின் சில எடுத்துக்காட்டுகள்

தனிப்பயனாக்கப்பட்ட மருத்துவத்தின் சில எடுத்துக்காட்டுகள் பின்வருமாறு:

- கார்சினோமா சிகிச்சை: சில வகையான புற்றுநோய்களுக்கு, மரபணு மாற்றங்களை அடிப்படையாகக் கொண்ட சிகிச்சைகள் பயனுள்ளதாக இருக்கும். எடுத்துக்காட்டாக, HER2-இன்- கெட்ட புற்றுநோய்களுக்கு HER2- தடுப்பான்கள் பயனுள்ளதாக இருக்கும்.

- சிறுநீரக நோய் சிகிச்சை: சிறுநீரக நோயால் பாதிக்கப்பட்ட சில நோயாளிகளுக்கு, அவர்களின் மரபணு சுயவிவரத்தை அடிப்படையாகக் கொண்ட மருந்துகள் பயனுள்ளதாக இருக்கும். எடுத்துக்காட்டாக, ஆல்பா-5'- நியூக்ளியோசைட் ஃப்ளோரோசிடேஸ் (ADAF) குறைபாடு உள்ள நோயாளிகளுக்கு, ADAF

குறைபாட்டை சரிசெய்யும் மருந்துகள் பயனுள்ளதாக இருக்கும்.

- மனநல கோளாறுகள் சிகிச்சை: சில மனநல கோளாறுகளுக்கு, அவர்களின் மரபணு சுயவிவரத்தை அடிப்படையாகக் கொண்ட சிகிச்சைகள் பயனுள்ளதாக இருக்கும். எடுத்துக்காட்டாக, சில மனநல கோளாறுகளுக்கு மருந்துகள் அல்லது உளவியல் சிகிச்சை ஆகியவற்றின் கலவை பயனுள்ளதாக இருக்கும்.

தனிப்பயனாக்கப்பட்ட மருத்துவம் இன்னும் வளர்ச்சியில் உள்ளது, ஆனால் இது மருத்துவத்தின் எதிர்காலத்தில் ஒரு முக்கிய பங்கு வகிக்கும் என்று எதிர்பார்க்கப்படுகிறது.

Chapter 4: Engaging Students in Systems Biology Learning

அத்தியாயம் 4: மாணவர்களை சிஸ்டம்ஸ் உயிரியல் கற்றலில் ஈடுபடுத்துதல்

செயலில் கற்றல் உத்திகள்: கேஸ் ஸ்டடீஸ், சிமுலேஷன்கள், பிரச்சனை அடிப்படையிலான கற்றல்

செயலில் கற்றல் என்பது மாணவர்கள் கற்றல் செயல்முறையின் சக்திவாய்ந்த பங்கேற்பாளர்களாக மாறும் ஒரு வகை கற்றல் ஆகும். செயலில் கற்றல் உத்திகள் மாணவர்களை தங்கள் சொந்த கற்றலைக் கட்டுப்படுத்தவும், தங்கள் சொந்த தீர்ப்புகளை எடுக்கவும், தங்கள் சொந்த அறிவை உருவாக்கவும் ஊக்குவிக்கின்றன.

செயலில் கற்றல் உத்திகளில் சில பொதுவான உதாரணங்கள் பின்வருமாறு:

- கேஸ் ஸ்டடீஸ்: கேஸ் ஸ்டடீஸ் என்பது உண்மையான உலக சிக்கல்களைச் சந்திக்கும் கற்பனையான நபர்கள் அல்லது நிறுவனங்களின் கதைகளைக் கொண்ட கற்றல் வளங்கள். கேஸ் ஸ்டடீஸ் மாணவர்களை சிக்கலைப் புரிந்துகொள்ள,

தீர்வுகளை உருவாக்க, தங்கள் தீர்வுகளை ஆய்வு செய்ய ஊக்குவிக்கின்றன.

- சிமுலேஷன்கள்: சிமுலேஷன்கள் என்பது உண்மையான உலக சூழ்நிலைகளைப் பிரதிபலிக்கும் கணினி-உருவாக்கப்பட்ட சூழ்நிலைகள். சிமுலேஷன்கள் மாணவர்களை புதிய திறன்களைப் பயிற்சி செய்ய, தங்கள் திறன்களை சோதிக்க, தங்கள் திறன்களை மேம்படுத்த ஊக்குவிக்கின்றன.

- பிரச்சனை அடிப்படையிலான கற்றல்: பிரச்சனை அடிப்படையிலான கற்றல் என்பது மாணவர்கள் தீர்க்க வேண்டிய உண்மையான உலக சிக்கல்களைக் கொண்ட கற்றல் முறையாகும். பிரச்சனை அடிப்படையிலான கற்றல் மாணவர்களை தங்கள் சொந்த அறிவைப் பயன்படுத்தி சிக்கல்களைத் தீர்க்க, தங்கள் சொந்த தீர்வுகளை உருவாக்க, தங்கள் தீர்வுகளை ஆய்வு செய்ய ஊக்குவிக்கிறது.

செயலில் கற்றல் உத்திகள் பின்வரும் நன்மைகளை வழங்குகின்றன:

- அதிக கற்றல்: செயலில் கற்றல் உத்திகள் மாணவர்கள் தங்கள் சொந்த கற்றலைக் கட்டுப்படுத்துவதால், அவர்கள் அதிக கற்றுக்கொள்கிறார்கள்.

- மேம்பட்ட திறன்கள்: செயலில் கற்றல் உத்திகள் மாணவர்கள் தங்கள் திறன்களை மேம்படுத்த உதவுகின்றன, புதிய திறன்களைப் பயிற்சி செய்வதன் மூலம்.

- மேம்பட்ட சிந்தனை: செயலில் கற்றல் உத்திகள் மாணவர்கள் தங்கள் சிந்தனை திறன்களை மேம்படுத்த உதவுகின்றன, சிக்கல்களைத் தீர்ப்பதன் மூலம்.

செயலில் கற்றல் உத்திகள் அனைத்து பாடங்களுக்கும் அனைத்து வயதினருக்கும் மாணவர்களுக்கும் பொருத்தமானவை. செயலில் கற்றல் உத்திகளைப் பயன்படுத்துவதன் மூலம், ஆசிரியர்கள் மாணவர்களின் கற்றல் செயல்முறையை மேம்படுத்தவும், தங்கள் மாணவர்களுக்கு சிறந்த கல்வி அனுபவத்தை வழங்கவும் முடியும்.

கேஸ் ஸ்டடீஸ், சிமுலேஷன்கள் மற்றும் பிரச்சனை அடிப்படையிலான கற்றல் ஆகியவை செயலில் கற்றல் உத்திகளின் சில எடுத்துக்காட்டுகள். இந்த உத்திகள் மாணவர்களை தங்கள் சொந்த கற்றலைக் கட்டுப்படுத்தவும், தங்கள் சொந்த தீர்ப்புகளை எடுக்கவும், தங்கள் சொந்த அறிவை உருவாக்கவும் ஊக்குவிக்கின்றன. செயலில் கற்றல் உத்திகள் பின்வரும் நன்மைகளை வழங்குகின்றன: அதிக கற்றல், மேம்பட்ட திறன்கள் மற்றும் மேம்பட்ட சிந்தனை.

துறைசார் ஒத்துழைப்பு: உயிரியல், பொறியியல், கணினி அறிவியல், கணிதம் ஆகியவற்றை இணைத்தல்

துறைசார் ஒத்துழைப்பு என்பது வெவ்வேறு துறைகளைச் சேர்ந்த நிபுணர்கள் ஒரு பொதுவான இலக்கை அடைய ஒன்றிணையும் செயல்முறையாகும். இது புதிய அறிவை உருவாக்குவதற்கும், புதிய தொழில்நுட்பங்களை உருவாக்குவதற்கும், சிக்கல்களைத் தீர்க்கவும் ஒரு சக்திவாய்ந்த கருவியாகும்.

உயிரியல், பொறியியல், கணினி அறிவியல் மற்றும் கணிதம் ஆகிய நான்கு துறைகள் குறிப்பாக ஒன்றிணைக்கப்படுகின்றன. இந்த துறைகள் அனைத்தும் அறிவின் வெவ்வேறு பகுதிகளைப் பற்றிய ஆழமான புரிதலை வழங்குகின்றன, மேலும் அவை ஒன்றாக இணைந்து, உலகில் மிகவும் சிக்கலான சில சிக்கல்களைத் தீர்க்க முடியும்.

உயிரியல் மற்றும் பொறியியலின் ஒத்துழைப்பு

உயிரியல் மற்றும் பொறியியலின் ஒத்துழைப்பு என்பது உயிரியல் அமைப்புகளைப் புரிந்துகொள்வதற்கும், அவை செயல்படும் விதத்தை மாற்றுவதற்கான புதிய வழிகளை உருவாக்குவதற்கும் ஒரு முக்கிய வழியாகும். உதாரணமாக, உயிரியல் மற்றும் பொறியியலாளர்கள் இணைந்து, புதிய

மருந்துகள் மற்றும் சிகிச்சைகளை உருவாக்க, புதிய உயிரியல் பொருட்களை உருவாக்க, மற்றும் சுற்றுச்சூழலைப் பாதுகாக்க புதிய வழிகளை உருவாக்கியுள்ளனர்.

கணினி அறிவியல் மற்றும் உயிரியலின் ஒத்துழைப்பு

கணினி அறிவியல் மற்றும் உயிரியலின் ஒத்துழைப்பு என்பது உயிரியல் அமைப்புகளைப் புரிந்துகொள்வதற்கும், அவற்றுடன் தொடர்புகொள்வதற்கும் புதிய வழிகளை உருவாக்குவதற்கும் ஒரு சக்திவாய்ந்த கருவியாகும். உதாரணமாக, கணினி அறிவியல் மற்றும் உயிரியலாளர்கள் இணைந்து, 3D உயிரியல் மாதிரிகள் உருவாக்க, உயிரியல் தரவை பகுப்பாய்வு செய்ய, மற்றும் உயிரியல் அமைப்புகளை கட்டுப்படுத்துவதற்கான புதிய வழிகளை உருவாக்கியுள்ளனர்.

கணினி அறிவியல் மற்றும் பொறியியலின் ஒத்துழைப்பு

கணினி அறிவியல் மற்றும் பொறியியலின் ஒத்துழைப்பு என்பது புதிய தொழில்நுட்பங்களை உருவாக்குவதற்கும், சிக்கலான சிக்கல்களைத் தீர்க்கவும் ஒரு சக்திவாய்ந்த கருவியாகும். உதாரணமாக, கணினி அறிவியல் மற்றும் பொறியியலாளர்கள் இணைந்து, புதிய தகவல் தொடர்பு அமைப்புகள் உருவாக்க, புதிய

உற்பத்தி செயல்முறைகளை உருவாக்க, மற்றும் புதிய போக்குவரத்து அமைப்புகளை உருவாக்கியுள்ளனர்.

கணிதம் மற்றும் உயிரியலின் ஒத்துழைப்பு

கணிதம் மற்றும் உயிரியலின் ஒத்துழைப்பு என்பது உயிரியல் அமைப்புகளைப் புரிந்துகொள்வதற்கும், அவற்றின் செயல்பாட்டை கணிக்கவும் ஒரு சக்திவாய்ந்த கருவியாகும். உதாரணமாக, கணிதம் மற்றும் உயிரியலாளர்கள் இணைந்து, உயிரியல் தரவை பகுப்பாய்வு செய்ய, உயிரியல் அமைப்புகளின் பண்புகளை கணிக்க, மற்றும் புதிய மருந்துகள் மற்றும் சிகிச்சைகளை உருவாக்கியுள்ளனர்.

கணிதம் மற்றும் பொறியியலின் ஒத்துழைப்பு

கணிதம் மற்றும் பொறியியலின் ஒத்துழைப்பு என்பது புதிய தொழில்நுட்பங்களை உருவாக்குவதற்கும், சிக்கலான சிக்கல்களைத் தீர்க்கவும் ஒரு சக்திவாய்ந்த கருவியாகும்.

தொழில்நுட்பம் சார்ந்த கற்றல்: ஆன்லைன் கருவிகள் மற்றும் வளங்கள், மெய்நிகர் ஆய்வகங்கள்

தொழில்நுட்பம் கல்விக்கு ஒரு சக்திவாய்ந்த கருவியாகும். ஆன்லைன் கருவிகள் மற்றும் வளங்கள், மெய்நிகர் ஆய்வகங்கள் போன்ற தொழில்நுட்பங்கள் கற்றலை மேலும் திறம்படவும், சுவாரஸ்யமாகவும், அணுகக்கூடியதாகவும் மாற்ற உதவுகின்றன.

ஆன்லைன் கருவிகள் மற்றும் வளங்கள்

ஆன்லைன் கருவிகள் மற்றும் வளங்கள் கற்றலை மேலும் திறம்படவும், சுவாரஸ்யமாகவும் மாற்ற பல வழிகளில் உதவுகின்றன. எடுத்துக்காட்டாக, ஆன்லைன் கருவிகள் மற்றும் வளங்கள் பின்வருவனவற்றை வழங்கலாம்:

- கற்றல் பொருட்கள்: ஆன்லைன் கருவிகள் மற்றும் வளங்கள் பாடப்புத்தகங்கள், கட்டுரைகள், வீடியோக்கள், ஒலிப்பதிவுகள் போன்ற பல்வேறு வகையான கற்றல் பொருட்களை வழங்கலாம். இந்த பொருட்கள் மாணவர்களுக்கு தங்கள் சொந்த வேகத்தில் கற்றுக்கொள்ளவும், தங்கள் சொந்த ஆர்வங்களுக்கு ஏற்ப தகவல்களைத் தேடவும் உதவுகின்றன.

- கற்றல் ஆதரவு: ஆன்லைன் கருவிகள் மற்றும் வளங்கள் மாணவர்களுக்கு பயிற்சிகள், மதிப்பீடுகள், கருத்துக்களை வழங்கலாம். இந்த ஆதரவு மாணவர்களுக்கு தங்கள் கற்றலை கண்காணிக்கவும், தேவைப்பட்டால் கூடுதல் உதவி பெறவும் உதவுகிறது.

- சமூக தொடர்பு: ஆன்லைன் கருவிகள் மற்றும் வளங்கள் மாணவர்களுக்கு சமூக தொடர்புகளை உருவாக்கவும், கற்றல் அனுபவத்தை பகிர்ந்து கொள்ளவும் உதவலாம். இந்த தொடர்பு மாணவர்களுக்கு தங்கள் கற்றலை ஆழப்படுத்தவும், தங்களை ஒரு கற்றல் சமூகத்தின் ஒரு பகுதியாக உணரவும் உதவுகிறது.

மெய்நிகர் ஆய்வகங்கள்

மெய்நிகர் ஆய்வகங்கள் மாணவர்களுக்கு பாதுகாப்பான மற்றும் மலிவான முறையில் ஆய்வக அனுபவங்களை வழங்குகின்றன. மெய்நிகர் ஆய்வகங்கள் பின்வருவனவற்றை வழங்கலாம்:

- செயல்பாட்டு சாதனங்கள்: மெய்நிகர் ஆய்வகங்கள் மாணவர்களுக்கு உண்மையான ஆய்வகங்களில் காணக்கூடிய பலவிதமான செயல்பாட்டு சாதனங்களை வழங்கலாம். இந்த

சாதனங்களைப் பயன்படுத்தி, மாணவர்கள் பாதுகாப்பான சூழலில் ஆய்வக பரிசோதனைகள் மற்றும் சோதனைகளைச் செய்யலாம்.

- தரவு: மெய்நிகர் ஆய்வகங்கள் மாணவர்களுக்கு உண்மையான ஆய்வகங்களில் காணக்கூடிய தரவை வழங்கலாம். இந்த தரவைப் பயன்படுத்தி, மாணவர்கள் ஆய்வுகளை மேற்கொள்ளலாம் மற்றும் முடிவுகளைப் பகுப்பாய்வு செய்யலாம்.

- மற்ற மாணவர்களுடன் ஒத்துழைப்பு: மெய்நிகர் ஆய்வகங்கள் மாணவர்களுக்கு மற்ற மாணவர்களுடன் ஒத்துழைக்கவும், ஆய்வக அனுபவத்தை பகிர்ந்து கொள்ளவும் உதவலாம். இந்த ஒத்துழைப்பு மாணவர்களுக்கு தங்கள் திறன்களை வளர்க்கவும், தங்களை ஒரு அறிவியல் சமூகத்தின் ஒரு பகுதியாக உணரவும் உதவுகிறது.

தொழில்நுட்பம் சார்ந்த கற்றலின் நன்மைகள்

தொழில்நுட்பம் சார்ந்த கற்றல் பின்வரும் நன்மைகளை வழங்குகிறது:

- உயர் தரம்: தொழில்நுட்பம் சார்ந்த கற்றல் கற்றல் பொருட்களின் தரம் மற்றும் அணுகலை மேம்படுத்த உதவுகிறது.

- பொருத்தமானது: தொழில்நுட்பம் சார்ந்த கற்றல் மாணவர்களின் தனிப்பட்ட தேவைகளுக்கு ஏற்ப கற்றல் அனுபவத்தை மாற்ற உதவுகிறது.

- செயல்பாட்டு: தொழில்நுட்பம் சார்ந்த கற்றல் மாணவர்களை கற்றலில் ஈடுபடுத்தவும், அவர்களின் அறிவை செயல்படுத்தவும் உதவுகிறது.

திட்ட அடிப்படையிலான கற்றல்: உண்மையான உலக மருத்துவ பிரச்சனைகள் குறித்த ஆராய்ச்சி திட்டங்களை வடிவமைத்து நடத்துதல்

திட்ட அடிப்படையிலான கற்றல் என்பது ஒரு கற்றல் முறையாகும், இதில் மாணவர்கள் ஒரு குறிப்பிட்ட பிரச்சனையைத் தீர்ப்பதற்கான ஒரு திட்டத்தை உருவாக்கவும் செயல்படுத்தவும் பணிப்படுகிறார்கள். இந்த முறையானது மாணவர்களை தங்கள் அறிவை செயல்படுத்தவும், தங்கள் திறன்களை வளர்க்கவும், உண்மையான உலக பிரச்சனைகளைப் புரிந்துகொள்ளவும் உதவுகிறது.

உண்மையான உலக மருத்துவ பிரச்சனைகள் குறித்த ஆராய்ச்சி திட்டங்களை வடிவமைத்து நடத்துவது என்பது ஒரு சவாலான ஆனால் பலனளிக்கும் திட்ட அடிப்படையிலான கற்றல் அனுபவமாகும். இந்த வகையான திட்டங்கள் மாணவர்களுக்கு பின்வரும் திறன்களை வளர்க்க உதவுகின்றன:

- உண்மையான உலக பிரச்சனைகளைப் புரிந்துகொள்ளுதல்

- ஆராய்ச்சி கேள்விகளை உருவாக்குதல்

- தரவை சேகரித்தல் மற்றும் பகுப்பாய்வு செய்தல்

- ஆராய்ச்சி முடிவுகளை விளக்குதல்
- ஆராய்ச்சி அறிக்கைகளை எழுதுதல்

திட்ட அடிப்படையிலான கற்றல் திட்டத்தைத் தொடங்குவதற்கான படிநிலைகள்

1. ஒரு பிரச்சனைத் தலைப்பைத் தேர்ந்தெடுங்கள். இது ஒரு மருத்துவப் பிரச்சனையாக இருக்க வேண்டும், இது தீர்க்கப்பட வேண்டும்.

2. பிரச்சனையின் அளவைப் புரிந்துகொள்ளுங்கள். இது எவ்வளவு தீவிரமானது? இது எத்தனை பேரை பாதிக்கிறது?

3. இரண்டு அல்லது மூன்று ஆராய்ச்சி கேள்விகளை உருவாக்கவும். இந்த கேள்விகள் பிரச்சனையைப் புரிந்துகொள்ள உதவ வேண்டும்.

4. தரவு சேகரிப்பு முறைகளைத் திட்டமிடுங்கள். இந்த முறைகள் பிரச்சனையைப் பற்றிய தரவை உங்களுக்கு வழங்க வேண்டும்.

5. தரவை சேகரிக்கவும் பகுப்பாய்வு செய்யவும். இந்த தரவு உங்கள் ஆராய்ச்சி கேள்விகளுக்கு பதிலளிக்க உதவும்.

6. உங்கள் ஆராய்ச்சி முடிவுகளைப் பிரதிநிதித்துவப்படுத்தவும். இந்த முடிவுகளை ஒரு ஆராய்ச்சி அறிக்கையில் எழுதலாம் அல்லது ஒரு விளக்கக்காட்சியில் வழங்கலாம்.

உண்மையான உலக மருத்துவ பிரச்சனைகள் குறித்த ஆராய்ச்சி திட்டங்களுக்கான சில எடுத்துக்காட்டுகள்

- புற்றுநோய்க்கு புதிய சிகிச்சைகளை கண்டுபிடிப்பது

- மனநல கோளாறுகளைப் பற்றிய புரிதலை மேம்படுத்துதல்

- குறைவான வளங்களைக் கொண்ட நாடுகளில் சுகாதாரப் பராமரிப்பை மேம்படுத்துதல்

திட்ட அடிப்படையிலான கற்றல் திட்டங்கள் மருத்துவ மாணவர்களுக்கு ஒரு மதிப்புமிக்க அனுபவத்தை வழங்கலாம். இந்த திட்டங்கள் மாணவர்களை தங்கள் அறிவை செயல்படுத்தவும், தங்கள் திறன்களை வளர்க்கவும், உண்மையான உலக பிரச்சனைகளைப் புரிந்துகொள்ளவும் உதவுகின்றன.

தகவல்தொடர்பு மற்றும் வழங்கல் திறன்கள்: கண்டுபிடிப்புகளை சகாக்கள் மற்றும் பொதுமக்களுடன் பகிர்ந்து கொள்ளுதல்

ஒரு மருத்துவராக, உங்கள் கண்டுபிடிப்புகளை சகாக்கள் மற்றும் பொதுமக்களுடன் பகிர்ந்துகொள்வது முக்கியம். இது உங்கள் பணியின் தாக்கத்தை அதிகரிக்கவும், உங்கள் திறன்களை மேம்படுத்தவும் உதவும்.

சகாக்களுடன் தொடர்புகொள்வது

சகாக்களுடன் தொடர்புகொள்வது உங்கள் பணியைப் பற்றிய புதிய கண்ணோட்டங்களைப் பெறுவதற்கான ஒரு சிறந்த வழியாகும். இது உங்கள் பணி எவ்வாறு மேம்படுத்தப்படலாம் என்பதற்கான தகவல்களை வழங்கலாம்.

சகாக்களுடன் தொடர்புகொள்வதற்கான சில வழிகள் பின்வருமாறு:

- கட்டுரைகள் அல்லது புத்தகங்களை வெளியிடவும். இது உங்கள் பணி குறித்த ஒரு விரிவான பார்வையை வழங்குகிறது.

- வாழ்நாள் கற்றல் மாநாடுகள் அல்லது பிற நிகழ்ச்சிகளில் கலந்துகொள்ளவும். இது உங்கள் பணி குறித்து மற்றவர்களுடன் கலந்துரையாட ஒரு வாய்ப்பை வழங்குகிறது.

- உங்கள் பணியை சமூக ஊடகங்களில் பகிரவும். இது உங்கள் பணி குறித்து உலகெங்கிலும் உள்ள மக்களுக்கு தெரிவிக்க ஒரு வழி.

பொதுமக்களுடன் தொடர்புகொள்வது

பொதுமக்களுடன் தொடர்புகொள்வது உங்கள் பணியின் தாக்கத்தை அதிகரிக்க உதவும். இது மக்களுக்கு உங்கள் பணி எவ்வாறு அவர்களின் வாழ்க்கையை மேம்படுத்தலாம் என்பதை புரிந்துகொள்ள உதவுகிறது.

பொதுமக்களுடன் தொடர்புகொள்வதற்கான சில வழிகள் பின்வருமாறு:

- ஊடக நிகழ்ச்சிகளில் பேசுங்கள். இது உங்கள் பணி குறித்து பரந்த அளவிலான மக்களுக்கு தெரிவிக்க ஒரு வழி.

- கட்டுரைகள் அல்லது புத்தகங்களை எழுதுங்கள். இது உங்கள் பணி குறித்து பொதுமக்களுக்கு ஒரு விரிவான பார்வையை வழங்குகிறது.

- சமூக ஊடகங்களில் உங்கள் பணியை பகிரவும். இது உங்கள் பணி குறித்து உலகெங்கிலும் உள்ள மக்களுக்கு தெரிவிக்க ஒரு வழி.

தகவல்தொடர்பு மற்றும் வழங்கல் திறன்களை மேம்படுத்துவதற்கான உதவிக்குறிப்புகள்

தகவல்தொடர்பு மற்றும் வழங்கல் திறன்களை மேம்படுத்துவதற்கான சில உதவிக்குறிப்புகள் பின்வருமாறு:

- உங்கள் தகவல்களை தெளிவாகவும் சுருக்கமாகவும் வைத்திருங்கள்.

- உங்கள் பார்வையாளர்களுக்கு பொருத்தமான சொல் மற்றும் சொற்றொடர்களைப் பயன்படுத்துங்கள்.

- உங்கள் தகவல்களை ஆதாரத்துடன் ஆதரிக்கவும்.

- உங்கள் தகவல்களை வழங்குவதற்கு பயிற்சி செய்யுங்கள்.

தகவல்தொடர்பு மற்றும் வழங்கல் திறன்களை மேம்படுத்துவது உங்கள் மருத்துவ வாழ்க்கையில் வெற்றிபெற உதவும். இது உங்கள் பணியைப் பற்றிய புதிய கண்ணோட்டங்களைப் பெறவும், உங்கள் பணியின் தாக்கத்தை அதிகரிக்கவும் உதவும்.

Chapter 5: Challenges and Opportunities in Systems Biology Education

அத்தியாயம் 6: மருத்துவம் மற்றும் கல்வியில் சிஸ்டம்ஸ் உயிரியலின் எதிர்காலம்

சிஸ்டம்ஸ் உயிரியலைப் பற்றிய விழிப்புணர்வு மற்றும் புரிதலின்மை

சிஸ்டம்ஸ் உயிரியல் என்பது உயிரியல் அமைப்புகளைப் பற்றிய ஒரு பரந்த பார்வையாகும், அவை உயிரணுக்கள், உறுப்புகள், உறுப்பு அமைப்புகள், தனிநபர்கள் மற்றும் சமூகங்கள் போன்றவை. இந்த அமைப்புகள் ஒன்றோடொன்று இணைக்கப்பட்டுள்ளன, மேலும் அவை ஒன்றுக்கொன்று தொடர்புகொண்டு ஒருவருக்கொருவர் பாதிக்கின்றன.

சிஸ்டம்ஸ் உயிரியல் என்பது ஒரு புதிய அறிவியல் துறையாகும், இது 1950 களில் உருவானது. இருப்பினும், அதன் கருத்துகள் மற்றும் கருத்துக்கள் உயிரியல், வேதியியல், இயற்பியல், கணினி அறிவியல் மற்றும் சமூகவியல் உள்ளிட்ட பல்வேறு துறைகளில் ஆராய்ச்சியாளர்களால் பல ஆண்டுகளாக ஆய்வு செய்யப்பட்டுள்ளன.

சிஸ்டம்ஸ் உயிரியல் என்பது உயிரியல் அறிவில் ஒரு முக்கியமான புதிய போக்கு ஆகும், இது நோய்களைக் குணப்படுத்த, புதிய மருந்துகளை உருவாக்க, சுற்றுச்சூழலைப் பாதுகாக்க மற்றும் பிற முக்கிய பிரச்சினைகளைத் தீர்க்க உதவும் என்று நம்பப்படுகிறது.

சிஸ்டம்ஸ் உயிரியலைப் பற்றிய விழிப்புணர்வு

சிஸ்டம்ஸ் உயிரியலைப் பற்றிய விழிப்புணர்வு சமீபத்திய ஆண்டுகளில் அதிகரித்து வருகிறது. இது பல்வேறு காரணிகளால் ஏற்படுகிறது, இதில்:

- உயிர் மருத்துவ ஆராய்ச்சியில் சிஸ்டம்ஸ் உயிரியலின் முக்கியத்துவம் அதிகரித்து வருகிறது.

- கல்வி அமைப்புகளில் சிஸ்டம்ஸ் உயிரியல் கற்பிக்கப்படுவது அதிகரித்து வருகிறது.

- சிஸ்டம்ஸ் உயிரியல் குறித்த பொது விழிப்புணர்வை அதிகரிக்க பொது அறிவியல் மற்றும் கலாச்சாரத்தில் அதிக கவனம் செலுத்தப்படுகிறது.

சிஸ்டம்ஸ் உயிரியலைப் பற்றிய புரிதலின்மை

சிஸ்டம்ஸ் உயிரியலைப் பற்றிய புரிதலின்மை சில காரணிகளால் ஏற்படுகிறது, இதில்:

- சிஸ்டம்ஸ் உயிரியல் என்பது ஒரு சிக்கலான மற்றும் பரந்த துறையாகும், இது புரிந்துகொள்வது கடினமாக இருக்கலாம்.

- சிஸ்டம்ஸ் உயிரியல் குறித்த கல்வியறிவு போதுமானதாக இல்லை.

- சிஸ்டம்ஸ் உயிரியல் குறித்த பொது விவாதம் சில சமயங்களில் மிகவும் தொழில்நுட்பமாக இருக்கலாம்.

சிஸ்டம்ஸ் உயிரியலைப் பற்றிய விழிப்புணர்வை மேம்படுத்தவும் புரிதலை அதிகரிக்கவும் என்ன செய்யலாம்?

சிஸ்டம்ஸ் உயிரியலைப் பற்றிய விழிப்புணர்வை மேம்படுத்தவும் புரிதலை அதிகரிக்கவும், பின்வரும் நடவடிக்கைகளை எடுக்கலாம்:

- சிஸ்டம்ஸ் உயிரியல் குறித்த கல்வியை மேம்படுத்தவும். இது கல்லூரிகள் மற்றும் பல்கலைக்கழகங்களில் சிஸ்டம்ஸ் உயிரியல் பாடங்களை வழங்குவதன் மூலமும், பொது கல்வி அமைப்புகளில் சிஸ்டம்ஸ் உயிரியல் குறித்த தகவல்களை வழங்குவதன் மூலமும் செய்யப்படலாம்.

- சிஸ்டம்ஸ் உயிரியல் குறித்த பொது விவாதத்தை மேம்படுத்தவும். இது சிஸ்டம்ஸ் உயிரியல் குறித்த எளிமையான மற்றும் அணுகக்கூடிய விளக்கங்களை வழங்குவதன் மூலமும், சிஸ்டம்ஸ்

உயிரியலைப் பற்றிய விவாதம் அனைத்து மக்களும் பங்கேற்கக்கூடியதாக இருக்கும் வகையில் கட்டமைப்பதன் மூலமும் செய்யப்படலாம்.

சிஸ்டம்ஸ் உயிரியல் என்பது உயிரியல் அறிவில் ஒரு முக்கியமான மற்றும் வளர்ந்து வரும் துறையாகும். இந்த துறையைப் பற்றிய விழிப்புணர்வை மேம்படுத்தவும் புரிதலை அதிகரிக்கவும், நாம் அனைவரும் ஒன்றாகச் சேர்ந்து செயல்பட வேண்டும்.

வரையறுக்கப்பட்ட வளங்கள் மற்றும் கட்டமைப்பு: படைப்பாற்றலைத் தூண்டுகிறது, தடைகளைச் சமாளிக்கிறது

வரையறுக்கப்பட்ட வளங்கள் மற்றும் கட்டமைப்பு என்று கேட்டவுடன், நமக்கு எதிர்மறையான அசையக்கூடும். தடைகள், குறைபாடுகள், பின்னடைவுகள் ஆகியவை நமது மனதில் தோன்றலாம். ஆனால், உண்மை என்னவென்றால், வரையறுக்கப்பட்ட வளங்கள் மற்றும் கட்டமைப்பு என்பது படைப்பாற்றலைத் தூண்டக்கூடிய சூழலையும் உருவாக்கலாம், தடைகளைச் சமாளிப்பதற்கான புதுமையான தீர்வுகளைக் கண்டறியவும் உதவலாம்.

வரையறுக்கப்பட்ட வளங்கள் என்பது பணம், நேரம், இடம், பொருள் அல்லது மனிதவளம் உட்பட எந்தவொரு வளமும் மட்டுப்படுத்தப்பட்டிருக்கும் நிலையைக் குறிக்கும். கட்டமைப்பு என்பது நடைமுறைகள், விதிகள், மற்றும் எதிர்பார்ப்புகளின் குழுவாகும், அவை எவ்வாறு செயல்பட வேண்டும் என்பதை வரையறுக்கின்றன. வரையறுக்கப்பட்ட கட்டமைப்பு என்பது அதிக நெகிழ்வுத்தன்மை அல்லது சுதந்திரம் இல்லாத அமைப்பைக் குறிக்கிறது.

இருப்பினும், வரையறுக்கப்பட்ட வளங்கள் மற்றும் கட்டமைப்பு எதிர்மறையானவையாக மட்டுமே பார்க்க வேண்டிய அவசியமில்லை. சில

சமயங்களில், வரையறுக்கப்பட்ட சூழல்கள் படைப்பாற்றலைத் தூண்டிவிடலாம். வளங்கள் அல்லது விதிகளின் குறைபாடுகள் புதுமையான தீர்வுகளைத் தேட ஊக்குவிக்கலாம். எதிர்பார்ப்புகள் தெளிவாக இல்லாதபோது, பரிசோதனை செய்யவும் புதிய வழிகளை ஆராய்வதற்கும் இடம் உண்டு.

வரையறுக்கப்பட்ட வளங்கள் மற்றும் கட்டமைப்புடன், தடைகளைச் சமாளிப்பதற்கு நாம் எப்படி அணுகுவது:

- படைப்பாற்றலை
வளர்ப்பது: வரையறுக்கப்பட்ட வளங்கள் அல்லது விதிகளின் குறைபாடுகள் அதைச் சுற்றிச் செல்ல புதுமையான தீர்வுகளைத் தேட நம்மை கட்டாயப்படுத்தலாம். சிக்கலைப் புதிய கோணங்களில் பார்க்கவும், பழைய வழிகளை விட்டு வெளியே செல்லவும் இது நமக்கு வாய்ப்பளிக்கிறது.

- ஒத்துழைப்பை
ஊக்குவித்தல்: வரையறுக்கப்பட்ட வளங்கள் அல்லது கட்டமைப்பு இருக்கும்போது, நாம் மற்றவர்களுடன் இணைந்து பணியாற்ற வேண்டியது அவசியம். நம்மிடம் இல்லாத திறன்கள் அல்லது அறிவு மற்றவர்களிடம் இருக்கலாம். ஒத்துழைப்பு நமது வலிமையைப் பெருக்கி, சவால்களைச் சமாளிக்க நமக்கு உதவலாம்.

- தெளிவான இலக்குகளை அமைத்தல்: வரையறுக்கப்பட்ட வளங்கள் மற்றும் கட்டமைப்பு நமது இலக்குகளை மிகவும் தெளிவாக வரையறுக்க வழிவகுக்கும். எதை அடைய விரும்புகிறோம் என்பதை நாம் அறிந்தால், எதைச் செய்ய வேண்டும் என்பதை தீர்மானிக்க அதிக சிறப்பாக இருக்கலாம்.

- நெகிழ்வாக இருப்பது: எதிர்பாராத சவால்கள் வரக்கூடும் என்பதை ஏற்றுக்கொள்வது முக்கியம். நமது திட்டங்கள் மாற்ற வேண்டியிருக்கலாம் மற்றும் புதிய தடைகளைச் சமாளிக்க நாம் தயாராக இருக்க வேண்டும்.

பாரம்பரிய பாடத்திட்டத்தில் சிஸ்டம்ஸ் உயிரியலை இணைப்பதில் சிரமம்

சிஸ்டம்ஸ் உயிரியல் என்பது உயிரியல் அமைப்புகளைப் பற்றிய ஒரு பரந்த பார்வையாகும், அவை உயிரணுக்கள், உறுப்புகள், உறுப்பு அமைப்புகள், தனிநபர்கள் மற்றும் சமூகங்கள் போன்றவை. இந்த அமைப்புகள் ஒன்றோடொன்று இணைக்கப்பட்டுள்ளன, மேலும் அவை ஒன்றுக்கொன்று தொடர்புகொண்டு ஒருவருக்கொருவர் பாதிக்கின்றன.

பாரம்பரிய உயிரியல் பாடத்திட்டங்கள் பெரும்பாலும் உயிரணு, உறுப்பு, உறுப்பு அமைப்பு மற்றும் உயிரியல் அமைப்புகளின் நிலைகளில் அமைப்புகளைப் பற்றிய கருத்துக்களைக் கற்றுக்கொள்கின்றன. இருப்பினும், இந்த பாடத்திட்டங்கள் பெரும்பாலும் சிஸ்டம்ஸ் உயிரியலின் முக்கிய கருத்துக்கள் மற்றும் கருத்துக்களை முழுமையாக உள்ளடக்கியதாக இல்லை.

பாரம்பரிய பாடத்திட்டத்தில் சிஸ்டம்ஸ் உயிரியலை இணைப்பதில் சில சிரமங்கள் பின்வருமாறு:

- சிஸ்டம்ஸ் உயிரியல் என்பது ஒரு சிக்கலான மற்றும் பரந்த துறையாகும். இது உயிரியல், வேதியியல், இயற்பியல் மற்றும்

கணினி அறிவியல் உள்ளிட்ட பல்வேறு துறைகளின் கருத்துகள் மற்றும் கருத்துக்களை உள்ளடக்கியது. பாரம்பரிய பாடத்திட்டங்கள் பெரும்பாலும் இந்த அனைத்து கருத்துகள் மற்றும் கருத்துக்களையும் உள்ளடக்கியதாக இல்லை.

- சிஸ்டம்ஸ் உயிரியல் என்பது ஒரு புதிய துறையாகும். இது 1950 களில் உருவானது. பாரம்பரிய பாடத்திட்டங்கள் பெரும்பாலும் இந்த புதிய துறையின் முக்கிய கருத்துக்கள் மற்றும் கருத்துக்களை உள்ளடக்கியதாக இல்லை.

- சிஸ்டம்ஸ் உயிரியல் என்பது ஒரு செயற்கை துறையாகும். இது உயிரியலின் பிற துறைகளில் இருந்து பெறப்பட்ட கருத்துக்கள் மற்றும் கருத்துக்களை அடிப்படையாகக் கொண்டது. பாரம்பரிய பாடத்திட்டங்கள் பெரும்பாலும் இந்த செயற்கை தன்மையை பிரதிபலிக்கவில்லை.

பாரம்பரிய பாடத்திட்டத்தில் சிஸ்டம்ஸ் உயிரியலை இணைப்பதற்கான சில வழிகள் பின்வருமாறு:

- சிஸ்டம்ஸ் உயிரியலின் முக்கிய கருத்துக்கள் மற்றும் கருத்துக்களை

உள்ளடக்கிய ஒரு தனி பாடத்தை வழங்குதல்.

- பாரம்பரிய பாடத்திட்டங்களில் சிஸ்டம்ஸ் உயிரியலின் கருத்துக்களை உள்ளடக்கியது. எடுத்துக்காட்டாக, உயிரணு உயிரியல் பாடத்தில், உயிரணு அமைப்புகளின் இடைக்கூடிய இணைப்புகளைப் பற்றி கற்றுக்கொள்ளலாம்.

- சிஸ்டம்ஸ் உயிரியல் பற்றிய ஆன்லைன் வளங்கள் மற்றும் கற்றல் செயல்பாடுகளை வழங்குதல்.

பாரம்பரிய பாடத்திட்டத்தில் சிஸ்டம்ஸ் உயிரியலை இணைப்பது ஒரு சவாலானது, ஆனால் இது முக்கியம். சிஸ்டம்ஸ் உயிரியல் என்பது உயிரியல் அறிவில் ஒரு முக்கியமான மற்றும் வளர்ந்து வரும் துறையாகும். இந்த துறையின் முக்கிய கருத்துக்கள் மற்றும் கருத்துக்களை மாணவர்கள் அறிந்திருப்பது முக்கியம்.

பெரிய தரவு மற்றும் தனிப்பயனாக்கப்பட்ட மருத்துவத்தின் நெறி சார்ந்த கவலைகள்

பெரிய தரவு மற்றும் தனிப்பயனாக்கப்பட்ட மருத்துவம் என்பது நவீன சுகாதார பராமரிப்பில் ஒரு புரட்சியை ஏற்படுத்தக்கூடிய இரண்டு முக்கிய தொழில்நுட்பங்கள் ஆகும். இந்த தொழில்நுட்பங்கள் நோய்களைக் கண்டறிதல், சிகிச்சை அளித்தல் மற்றும் தடுப்பதில் புதிய வழிகளை வழங்கலாம். இருப்பினும், இந்த தொழில்நுட்பங்களுடன் தொடர்புடைய சில நெறி சார்ந்த கவலைகளும் உள்ளன.

பெரிய தரவு மற்றும் தனிப்பயனாக்கப்பட்ட மருத்துவத்தின் நெறி சார்ந்த கவலைகள் பின்வருமாறு:

- தரவு தனியுரிமை: பெரிய தரவு தொழில்நுட்பங்கள் மருத்துவ ஆராய்ச்சி மற்றும் பராமரிப்பில் பயன்படுத்தப்படும் தரவு அளவை பெரிதாக்குகின்றன. இந்த தரவு பெரும்பாலும் தனிப்பட்ட மற்றும் பாதுகாப்பானதாகும். இந்த தரவு எவ்வாறு சேகரிக்கப்படுகிறது, பயன்படுத்தப்படுகிற து மற்றும் பாதுகாக்கப்படுகிறது என்பதை உறுதி செய்வது முக்கியம்.

- நியாயமான அணுகல்: பெரிய தரவு மற்றும் தனிப்பயனாக்கப்பட்ட மருத்துவம் விலை உயர்ந்ததாக இருக்கலாம். இந்த தொழில்நுட்பங்கள் அனைவருக்கும்

கிடைக்கக்கூடியதாக இருப்பதை உறுதி செய்வது முக்கியம்.

- பொருளாதார நியாயம்: பெரிய தரவு மற்றும் தனிப்பயனாக்கப்பட்ட மருத்துவம் பெரிய நிறுவனங்களுக்கு சாதகமாக இருக்கலாம். இந்த தொழில்நுட்பங்கள் சிறிய நிறுவனங்கள் மற்றும் தனிநபர்களின் பொருளாதார நலன்களைப் பாதிக்கும் வகையில் பயன்படுத்தப்படுவதைத் தவிர்க்க வேண்டும்.

- மருத்துவ முடிவுகளின் நியாயம்: பெரிய தரவு மற்றும் தனிப்பயனாக்கப்பட்ட மருத்துவம் மருத்துவ முடிவுகளை பாதிக்கலாம். இந்த முடிவுகள் அனைத்து நோயாளிகளுக்கும் நியாயமானதாக இருப்பதை உறுதி செய்வது முக்கியம்.

இந்த நெறி சார்ந்த கவலைகளைக் கையாண்டு, பெரிய தரவு மற்றும் தனிப்பயனாக்கப்பட்ட மருத்துவத்தின் நன்மைகளைப் பாதுகாக்கும் வகையில் இந்த தொழில்நுட்பங்களைப் பயன்படுத்துவதற்கான வழிகளை கண்டறிய வேண்டியது அவசியம்.

பெரிய தரவு மற்றும் தனிப்பயனாக்கப்பட்ட மருத்துவத்தின் நெறி சார்ந்த கவலைகளைக் கையாளுவதற்கான சில வழிகள் பின்வருமாறு:

- தரவு தனியுரிமை: தரவு சேகரிப்பு, பயன்பாடு மற்றும் பாதுகாப்பை ஒழுங்குபடுத்தும் சட்டங்கள் மற்றும் ஒழுங்குமுறைகளை உருவாக்குதல்.

- நியாயமான அணுகல்: பெரிய தரவு மற்றும் தனிப்பயனாக்கப்பட்ட மருத்துவத்தை அனைவருக்கும் கிடைக்கக்கூடியதாக மாற்ற நிதி உதவி மற்றும் பயிற்சி திட்டங்களை வழங்குதல்.

- பொருளாதார நியாயம்: பெரிய தரவு மற்றும் தனிப்பயனாக்கப்பட்ட மருத்துவம் அனைத்து நிறுவனங்கள் மற்றும் தனிநபர்களின் பொருளாதார நலன்களைப் பாதுகாக்கும் வகையில் பயன்படுத்தப்படுவதைத் திட்டமிடுதல்.

- மருத்துவ முடிவுகளின் நியாயம்: பெரிய தரவு மற்றும் தனிப்பயனாக்கப்பட்ட மருத்துவம் அனைத்து நோயாளிகளுக்கும் நியாயமான மருத்துவ முடிவுகளை வழங்கும் வகையில் பயன்படுத்தப்படுவதைத் திட்டமிடுதல்.

பெரிய தரவு மற்றும் தனிப்பயனாக்கப்பட்ட மருத்துவம் நவீன சுகாதார பராமரிப்பில் ஒரு புரட்சியை ஏற்படுத்தக்கூடிய சக்திவாய்ந்த தொழில்நுட்பங்கள் ஆகும். இந்த தொழில்நுட்பங்களின் நன்மைகளைப் பாதுகாக்கும் வகையில், அவற்றுடன்

தொடர்புடைய நெறி சார்ந்த கவலைகளைக் கையாளுவது முக்கியம்.

தொடர்புடைய நெறி சார்ந்த கவலைகளைக் கையாளுவது முக்கியம்.

எதிர்கால சிஸ்டம்ஸ் மருத்துவ பயிற்சியாளர்களின் ஒரு தலைமுறையை வளர்ப்பது

சிஸ்டம்ஸ் மருத்துவம் என்பது உயிரியல் அமைப்புகளைப் பற்றிய ஒரு பரந்த பார்வையாகும், அவை உயிரணுக்கள், உறுப்புகள், உறுப்பு அமைப்புகள், தனிநபர்கள் மற்றும் சமூகங்கள் போன்றவை. இந்த அமைப்புகள் ஒன்றோடொன்று இணைக்கப்பட்டுள்ளன, மேலும் அவை ஒன்றுக்கொன்று தொடர்புகொண்டு ஒருவருக்கொருவர் பாதிக்கின்றன.

சிஸ்டம்ஸ் மருத்துவம் நவீன மருத்துவத்தில் ஒரு முக்கியமான போக்காக உருவாகியுள்ளது. இது நோய்களைக் கண்டறிதல், சிகிச்சை அளித்தல் மற்றும் தடுப்பதில் புதிய வழிகளை வழங்கலாம். இருப்பினும், சிஸ்டம்ஸ் மருத்துவத்தில் தேர்ந்தெடுக்கப்பட்ட பயிற்சியாளர்களின் எண்ணிக்கை குறைவாக உள்ளது.

எதிர்கால சிஸ்டம்ஸ் மருத்துவ பயிற்சியாளர்களின் ஒரு தலைமுறையை வளர்ப்பது முக்கியம். இந்த தலைமுறையினர் சிஸ்டம்ஸ் மருத்துவத்தின் முக்கிய கருத்துக்கள் மற்றும் கருத்துக்களைப் புரிந்து கொள்ள வேண்டும், மேலும் அவை நடைமுறையில் எவ்வாறு பயன்படுத்தப்படலாம் என்பதை அறிந்திருக்க வேண்டும்.

எதிர்கால சிஸ்டம்ஸ் மருத்துவ பயிற்சியாளர்களின் ஒரு தலைமுறையை வளர்ப்பதற்கான சில வழிகள் பின்வருமாறு:

- சிஸ்டம்ஸ் மருத்துவம் குறித்த கல்வியை மேம்படுத்துதல்: கல்லூரிகள் மற்றும் பல்கலைக்கழகங்களில் சிஸ்டம்ஸ் மருத்துவம் குறித்த பாடங்களை வழங்குவதன் மூலமும், பொது கல்வி அமைப்புகளில் சிஸ்டம்ஸ் மருத்துவம் குறித்த தகவல்களை வழங்குவதன் மூலமும் சிஸ்டம்ஸ் மருத்துவம் குறித்த கல்வியை மேம்படுத்தலாம்.

- சிஸ்டம்ஸ் மருத்துவத்தில் பயிற்சி திட்டங்களை உருவாக்குதல்: மருத்துவ பள்ளிகள் மற்றும் மருத்துவ நிறுவனங்களில் சிஸ்டம்ஸ் மருத்துவத்தில் பயிற்சி திட்டங்களை உருவாக்குதல் மூலம், சிஸ்டம்ஸ் மருத்துவத்தில் தேர்ந்தெடுக்கப்பட்ட பயிற்சியாளர்களின் எண்ணிக்கையை அதிகரிக்கலாம்.

- சிஸ்டம்ஸ் மருத்துவத்தில் ஆராய்ச்சி மற்றும் மேம்பாட்டை ஊக்குவித்தல்: சிஸ்டம்ஸ் மருத்துவத்தில் ஆராய்ச்சி மற்றும் மேம்பாட்டை ஊக்குவிப்பதன் மூலம், சிஸ்டம்ஸ் மருத்துவத்தின் அறிவு மற்றும் நடைமுறையை மேம்படுத்தலாம்.

எதிர்கால சிஸ்டம்ஸ் மருத்துவ பயிற்சியாளர்களின் ஒரு தலைமுறையை வளர்ப்பது என்பது நவீன மருத்துவத்தில் சிஸ்டம்ஸ் மருத்துவத்தின் தாக்கத்தை அதிகரிக்க ஒரு முக்கியமான படிநிலையாகும். இந்த தலைமுறையினர் சிஸ்டம்ஸ் மருத்துவத்தைப் பயன்படுத்தி நோய்களைக் கண்டறிதல், சிகிச்சை அளித்தல் மற்றும் தடுப்பதில் புதிய மற்றும் மேம்பட்ட வழிகளை உருவாக்குவார்கள் என்று நம்பப்படுகிறது.

சிஸ்டம்ஸ் மருத்துவ பயிற்சியாளர்களின் திறன்கள்

எதிர்கால சிஸ்டம்ஸ் மருத்துவ பயிற்சியாளர்கள் பின்வரும் திறன்களைக் கொண்டிருக்க வேண்டும்:

- சிஸ்டம்ஸ் மருத்துவத்தின் அடிப்படை கருத்துக்கள் மற்றும் கருத்துக்களைப் புரிந்துகொள்ளும் திறன்

- தரவு மற்றும் புள்ளிவிவரங்களைப் புரிந்துகொண்டு பயன்படுத்தும் திறன்

- தகவல்களைப் பகுப்பாய்வு செய்து முடிவுகளை எடுக்கும் திறன்

- கூட்டு பணி மற்றும் தொடர்பு திறன்

- புதுமையான சிந்தனை மற்றும் தீர்வுகளை உருவாக்கும் திறன்

இந்த திறன்கள் சிஸ்டம்ஸ் மருத்துவத்தில் தேர்ந்தெடுக்கப்பட்ட பயிற்சியாளர்களுக்கு வெற்றிபெற உதவும்.

Chapter 6: The Future of Systems Biology in Medicine and Education

அத்தியாயம் 6: மருத்துவம் மற்றும் கல்வியில் சிஸ்டம்ஸ் உயிரியலின் எதிர்காலம்

சிஸ்டம்ஸ் உயிரியலில் தோன்றும் போக்குகள் மற்றும் தொழில்நுட்பங்கள்: ஒரு மாறும் துறையின் முகம்

சிஸ்டம்ஸ் உயிரியல், உயிரியல் அமைப்புகளை ஒருங்கிணைந்த முழுவதாக கருதுகிறது, உயிரணுக்கள், உறுப்புகள், உறுப்பு அமைப்புகள், தனிநபர்கள் மற்றும் சமூகங்களை உள்ளடக்கியது. இந்த சிக்கலான அமைப்புகளின் பரஸ்பர இணைப்புகளை ஆராய்ந்து, அவற்றின் உள் செயல்பாடுகள் மற்றும் இடைவினைகளைப் புரிந்துகொள்வதே இதன் இலக்கு. கடந்த ஆண்டுகளில், சிஸ்டம்ஸ் உயிரியல் தீவிரமாக வளர்ந்துள்ளது, மேலும் பல புதிய போக்குகள் மற்றும் தொழில்நுட்பங்கள் இந்த துறையை வடிவமைத்து வருகின்றன. இக்கட்டுரையில், அவற்றில் சில முக்கியமானவற்றை ஆராய்வோம்:

1. பெரிய தரவு மற்றும் கணினி உயிரியல்: உயிரியல் ஆராய்ச்சியில் பெரிய தரவு ஒரு மாபெரும் பங்கைக் கொண்டுள்ளது.

உயிரணுக்கள், திசுக்கள் மற்றும் உயிரினங்களில் இருந்து கணக்கற்ற தரவு புள்ளிகள் இப்போது சேகரிக்கப்பட்டு, பகுப்பாய்வு செய்யப்படுகின்றன. கணினி நுண்ணறிவு மற்றும் இயந்திர கற்றல் போன்ற கணினி உயிரியல் முறைகள் இந்த பெரிய தரவுத் தொகுப்புகளிலிருந்து அர்த்தத்தைப் பிரித்தெடுப்பதற்கும், உயிரியல் அமைப்புகளின் சிக்கலான செயல்பாடுகளை மாதிரியாக்குவதற்கும் பயன்படுத்தப்படுகின்றன. உதாரணமாக, பெரிய தரவு பகுப்பாய்வு புற்றுநோய்க்கான புதிய உயிர்பகுப்பிகள் மற்றும் மருந்து இலக்குகளைக் கண்டறிய உதவியது.

2. ஒற்றை-செல்லு உயிரியல்: பல ஆண்டுகளாக, உயிரியல் ஆராய்ச்சி பெரும்பாலும் செல்கள் மற்றும் திசுக்களின் சராசரி நடத்தையை கவனத்தில் செலுத்தியது. ஆனால் ஒற்றை-செல்லு உயிரியல் தனிப்பட்ட செல்கள் மற்றும் அவற்றின் மாறுபாடுகளை ஆராய்வதற்கான புதிய வழிகளை வழங்குகிறது. இந்த தொழில்நுட்பங்கள் ஒரு திசுவில் உள்ள வெவ்வேறு செல் வகைகளை அடையாளம் காணவும், அவற்றின் தனிப்பட்ட செயல்பாடுகளைப் புரிந்துகொள்ளவும் உதவுகின்றன. இது புற்றுநோய் மற்றும் தன்னுடயிர்ப்பு நோய்கள் போன்ற சிக்கலான நோய்களின் புதிய புரிதலுக்கு வழிவகுக்கும் என்று நம்பப்படுகிறது.

3. சிஸ்டம்ஸ் மருத்துவம்: சிஸ்டம்ஸ் உயிரியலின் கோட்பாடுகளை மருத்துவத்திற்குப் பயன்படுத்துவதே சிஸ்டம்ஸ் மருத்துவம். இது நோயாளிகளை தனித்தனி உறுப்புகள் அல்ல, முழுமையான உயிரியல் அமைப்புகளாக கருதுகிறது. பெரிய தரவு, கணினி உயிரியல் மற்றும் ஒற்றை-செல்லு உயிரியல் போன்ற தொழில்நுட்பங்களைப் பயன்படுத்தி, மருத்துவர்கள் தனிப்பயனாக்கப்பட்ட சிகிச்சைகள் மற்றும் நோய்த்தடுப்பு உத்திகளை உருவாக்க முடியும். உதாரணமாக, சிஸ்டம்ஸ் மருத்துவம் புற்றுநோய் சிகிச்சையில் புதிய இலக்குகளைக் கண்டறிந்து, மிகவும் திறமையான மற்றும் குறைந்த பக்க விளைவுகளை ஏற்படுத்தக்கூடிய சிகிச்சைகளை உருவாக்க உதவுகிறது.

மருத்துவ நடைமுறையில் சிஸ்டம்ஸ் உயிரியலைத் தொடர்ந்து இணைத்தல்

சிஸ்டம்ஸ் உயிரியல் என்பது உயிரியல் அமைப்புகளை ஒருங்கிணைந்த முழுவதாக கருதுகிறது, உயிரணுக்கள், உறுப்புகள், உறுப்பு அமைப்புகள், தனிநபர்கள் மற்றும் சமூகங்களை உள்ளடக்கியது. இந்த சிக்கலான அமைப்புகளின் பரஸ்பர இணைப்புகளை ஆராய்ந்து, அவற்றின் உள் செயல்பாடுகள் மற்றும் இடைவினைகளைப் புரிந்துகொள்வதே இதன் இலக்கு.

மருத்துவ நடைமுறையில் சிஸ்டம்ஸ் உயிரியலைத் தொடர்ந்து இணைத்தல் என்பது நோய்களைக் கண்டறிதல், சிகிச்சை அளித்தல் மற்றும் தடுப்பதில் முன்னேற்றங்களை அடைய ஒரு முக்கிய வழிமுறையாகும். சிஸ்டம்ஸ் உயிரியல் பின்வரும் வழிகளில் மருத்துவ நடைமுறைக்கு உதவ முடியும்:

- நோய்களின் புதிய புரிதலை வழங்குகிறது: சிஸ்டம்ஸ் உயிரியல் நோய்களின் காரணிகள் மற்றும் வளர்ச்சிக்கான சிக்கலான இயக்கவியல் பற்றிய புதிய புரிதலை வழங்குகிறது. இது புதிய நோய் கண்டறிதல் மற்றும் சிகிச்சை உத்திகளை உருவாக்க உதவுகிறது.

- தனிப்பயனாக்கப்பட்ட மருத்துவத்தை மேம்படுத்துகிறது: சிஸ்டம்ஸ் உயிரியல்

ஒவ்வொரு நோயாளியின் குறிப்பிட்ட தேவைகளுக்கு ஏற்ற சிகிச்சைகளை உருவாக்க உதவுகிறது. இது பக்க விளைவுகளின் அபாயத்தை குறைக்கவும், சிகிச்சை முடிவுகளை மேம்படுத்தவும் உதவுகிறது.

- நோய்த்தடுப்பை மேம்படுத்துகிறது: சிஸ்டம்ஸ் உயிரியல் நோய்களின் வளர்ச்சியை தடுக்கும் வழிகளைப் புரிந்துகொள்ள உதவுகிறது. இது புதிய தடுப்பூசிகள் மற்றும் நோய்த்தடுப்பு உத்திகளை உருவாக்க உதவுகிறது.

மருத்துவ நடைமுறையில் சிஸ்டம்ஸ் உயிரியலை இணைப்பதற்கான சில குறிப்பிட்ட எடுத்துக்காட்டுகள் பின்வருமாறு:

- புற்றுநோய்: சிஸ்டம்ஸ் உயிரியல் புற்றுநோயின் வளர்ச்சி மற்றும் பரவலுக்கு வழிவகுக்கும் பல்வேறு காரணிகளைப் புரிந்துகொள்ள உதவுகிறது. இந்த புரிதல் புதிய புற்றுநோய் சிகிச்சைகள் மற்றும் தடுப்பு உத்திகளை உருவாக்க உதவுகிறது. உதாரணமாக, சிஸ்டம்ஸ் உயிரியல் ஆராய்ச்சி புற்றுநோய் செல்கள் எவ்வாறு பரிணாம வளர்ச்சியடைகின்றன என்பதைப் புரிந்துகொள்ள உதவியுள்ளது. இந்த புரிதல் புற்றுநோய் செல்களை இலக்காகக்

கொள்ளும் புதிய மருந்துகளை உருவாக்க உதவுகிறது.

- **தன்னுடல் தாக்க நோய்கள்:** தன்னுடல் தாக்க நோய்கள், குறிப்பாக ஆட்டோ இம்யூன் நோய்கள், நோயெதிர்ப்பு அமைப்பு தன்னை தாக்குகிறது. சிஸ்டம்ஸ் உயிரியல் இந்த நோய்களின் காரணிகள் மற்றும் வளர்ச்சிக்கான சிக்கலான இயக்கவியல் பற்றிய புதிய புரிதலை வழங்குகிறது. இந்த புரிதல் புதிய நோய் கண்டறிதல் மற்றும் சிகிச்சை உத்திகளை உருவாக்க உதவுகிறது. உதாரணமாக, சிஸ்டம்ஸ் உயிரியல் ஆராய்ச்சி ஆட்டோ இம்யூன் நோய்களின் வளர்ச்சியில் மரபணுக்கள் மற்றும் சுற்றுச்சூழல் காரணிகளின் பங்கைப் புரிந்துகொள்ள உதவியுள்ளது. இந்த புரிதல் ஆட்டோ இம்யூன் நோய்களை தடுக்க அல்லது தாமதப்படுத்த உதவும் புதிய சிகிச்சைகளை உருவாக்க உதவும் என்று நம்பப்படுகிறது.

மாணவர்களை சிஸ்டம்ஸ் மருத்துவத்தில் பணிகளுக்காக தயார்படுத்துதல்

சிஸ்டம்ஸ் மருத்துவம் என்பது உயிரியல் அமைப்புகளை ஒருங்கிணைந்த முழுவதாக கருதுகிறது, உயிரணுக்கள், உறுப்புகள், உறுப்பு அமைப்புகள், தனிநபர்கள் மற்றும் சமூகங்களை உள்ளடக்கியது. இந்த சிக்கலான அமைப்புகளின் பரஸ்பர இணைப்புகளை ஆராய்ந்து, அவற்றின் உள் செயல்பாடுகள் மற்றும் இடைவினைகளைப் புரிந்துகொள்வதே இதன் இலக்கு.

சிஸ்டம்ஸ் மருத்துவம் என்பது நவீன மருத்துவத்தில் ஒரு முக்கியமான போக்காக உருவாகியுள்ளது. இது நோய்களைக் கண்டறிதல், சிகிச்சை அளித்தல் மற்றும் தடுப்பதில் புதிய வழிகளை வழங்கலாம்.

சிஸ்டம்ஸ் மருத்துவத்தில் பணிகளைப் பெறுவதற்கு, மாணவர்கள் பின்வரும் திறன்களையும் அறிவுகளையும் வளர்த்துக் கொள்ள வேண்டும்:

- சிஸ்டம்ஸ் மருத்துவத்தின் அடிப்படைக் கருத்துக்கள் மற்றும் கருத்துக்களைப் புரிந்துகொள்ளும் திறன்

- தரவு மற்றும் புள்ளிவிவரங்களைப் புரிந்துகொண்டு பயன்படுத்தும் திறன்

- தகவல்களைப் பகுப்பாய்வு செய்து முடிவுகளை எடுக்கும் திறன்

- கூட்டு பணி மற்றும் தொடர்பு திறன்

- புதுமையான சிந்தனை மற்றும் தீர்வுகளை உருவாக்கும் திறன்

மாணவர்கள் இந்த திறன்களையும் அறிவுகளையும் வளர்த்துக் கொள்ள, கல்லூரிகள் மற்றும் பல்கலைக்கழகங்களில் சிஸ்டம்ஸ் மருத்துவம் குறித்த பாடங்களை எடுத்துக் கொள்ள வேண்டும். கூடுதலாக, அவர்கள் சிஸ்டம்ஸ் மருத்துவத்தில் ஆராய்ச்சி அல்லது பயிற்சி திட்டங்களில் பங்கேற்கலாம்.

சிஸ்டம்ஸ் மருத்துவத்தில் பணிகளுக்காக மாணவர்களை தயார்படுத்துவதற்கான சில குறிப்பிட்ட வழிகள் பின்வருமாறு:

- சிஸ்டம்ஸ் மருத்துவம் குறித்த பாடங்களை வழங்குதல்: கல்லூரிகள் மற்றும் பல்கலைக்கழகங்கள் சிஸ்டம்ஸ் மருத்துவம் குறித்த பாடங்களை வழங்க வேண்டும். இந்த பாடங்கள் சிஸ்டம்ஸ் மருத்துவத்தின் அடிப்படைக் கருத்துக்கள் மற்றும் கருத்துக்களை மாணவர்களுக்குக் கற்பிக்க வேண்டும்.

- சிஸ்டம்ஸ் மருத்துவத்தில் ஆராய்ச்சி வாய்ப்புகளை வழங்குதல்: கல்லூரிகள் மற்றும் பல்கலைக்கழகங்கள் சிஸ்டம்ஸ்

மருத்துவத்தில் ஆராய்ச்சி வாய்ப்புகளை வழங்க வேண்டும். இந்த வாய்ப்புகள் மாணவர்களுக்கு சிஸ்டம்ஸ் மருத்துவத்தின் நடைமுறை பயன்பாடுகளைப் பற்றி அறிய உதவும்.

- சிஸ்டம்ஸ் மருத்துவத்தில் பயிற்சி திட்டங்களை வழங்குதல்: கல்லூரிகள் மற்றும் பல்கலைக்கழகங்கள் சிஸ்டம்ஸ் மருத்துவத்தில் பயிற்சி திட்டங்களை வழங்க வேண்டும். இந்த திட்டங்கள் மாணவர்களுக்கு சிஸ்டம்ஸ் மருத்துவத்தில் பணிபுரிய தேவையான திறன்களையும் அறிவுகளையும் வழங்கும்.

சிஸ்டம்ஸ் மருத்துவம் என்பது ஒரு வளர்ந்து வரும் மற்றும் சவாலான துறையாகும். இந்தத் துறையிலும் பணிபுரிய விரும்பும் மாணவர்கள் தங்கள் திறன்களையும் அறிவுகளையும் வளர்த்துக் கொள்ள வேண்டும்.

தனிப்பயனாக்கப்பட்ட மற்றும் கணிப்பு சுகாதாரத்தின் எதிர்காலத்தை வடிவமைப்பதில் கல்வியின் பங்கு

தனிப்பயனாக்கப்பட்ட மற்றும் கணிப்பு சுகாதாரம் (PCG) என்பது நோயாளிகளின் தனிப்பட்ட தேவைகளுக்கு ஏற்ற சிகிச்சைகளை வழங்குவதற்கான ஒரு புதிய அணுகுமுறையாகும். இந்த அணுகுமுறை நோயாளியின் மரபணு, சுற்றுச்சூழல் மற்றும் வாழ்க்கை முறை காரணிகளைப் பயன்படுத்தி நோய்களின் ஆபத்து, வளர்ச்சி மற்றும் சிகிச்சையைப் பற்றிய புரிதலைப் பயன்படுத்துகிறது.

PCG இன் எதிர்காலம் பிரகாசமாக உள்ளது. இந்த அணுகுமுறை நோய்களைக் கண்டறிதல், சிகிச்சை அளித்தல் மற்றும் தடுப்பதில் குறிப்பிடத்தக்க முன்னேற்றங்களைக் கொண்டு வரக்கூடும் என்று நம்பப்படுகிறது. இருப்பினும், PCG இன் முழுமையான நன்மைகளை அடைய, கல்வி மற்றும் பயிற்சியில் குறிப்பிடத்தக்க முதலீடு தேவைப்படுகிறது.

கல்வியின் பங்கு

PCG இன் எதிர்காலத்தை வடிவமைப்பதில் கல்வியின் பங்கு பின்வருமாறு:

- PCG பற்றிய அறிவைப் பரப்புதல்: PCG என்பது ஒரு புதிய மற்றும் சிக்கலான துறை என்பதால், PCG பற்றிய அறிவைப் பரப்புவது அவசியம். இது மருத்துவர்கள், விஞ்ஞானிகள், பொதுமக்கள் மற்றும் அரசாங்க அதிகாரிகளுக்கு PCG இன் நன்மைகள் மற்றும் சாத்தியக்கூறுகளைப் பற்றி அறிய உதவும்.

- PCG க்கான திறன்களை உருவாக்குதல்: PCG க்கான திறன்களை உருவாக்குவது அவசியம். இது மருத்துவர்களுக்கு PCG கொள்கைகளைப் பயன்படுத்தவும், நோயாளிகளுக்கு PCG அடிப்படையில் சிகிச்சை அளிக்கவும் உதவும்.

- PCG க்கான ஆராய்ச்சி மற்றும் மேம்பாட்டை ஊக்குவித்தல்: PCG க்கான ஆராய்ச்சி மற்றும் மேம்பாட்டை ஊக்குவிப்பது அவசியம். இது PCG இன் நன்மைகளை மேம்படுத்தவும், புதிய PCG தொழில்நுட்பங்களை உருவாக்கவும் உதவும்.

கல்வித் துறையில் PCG

கல்வித் துறையில் PCG பின்வரும் வழிகளில் முன்னேற்றம் கண்டு வருகிறது:

- PCG பாடங்கள் மற்றும் திட்டங்கள்: பல கல்லூரிகள் மற்றும் பல்கலைக்கழகங்கள் PCG பாடங்கள் மற்றும் திட்டங்களை வழங்குகின்றன. இந்த பாடங்கள் மற்றும் திட்டங்கள் மாணவர்களுக்கு PCG பற்றிய அறிவைப் பெறவும், PCG க்கான திறன்களை உருவாக்கவும் உதவுகின்றன.

- PCG ஆராய்ச்சி: பல கல்லூரிகள் மற்றும் பல்கலைக்கழகங்கள் PCG ஆராய்ச்சியில் ஈடுபட்டுள்ளன. இந்த ஆராய்ச்சி PCG இன் நன்மைகளை மேம்படுத்தவும், புதிய PCG தொழில்நுட்பங்களை உருவாக்கவும் உதவுகிறது.

முடிவுரை

PCG இன் எதிர்காலம் பிரகாசமாக உள்ளது. இந்த அணுகுமுறை நோய்களைக் கண்டறிதல், சிகிச்சை அளித்தல் மற்றும் தடுப்பதில் குறிப்பிடத்தக்க முன்னேற்றங்களைக் கொண்டு வரக்கூடும் என்று நம்பப்படுகிறது. இருப்பினும், PCG இன் முழுமையான நன்மைகளை அடைய, கல்வி மற்றும் பயிற்சியில் குறிப்பிடத்தக்க முதலீடு தேவைப்படுகிறது. கல்வித் துறை PCG பற்றிய அறிவைப் பரப்புதல், PCG க்கான திறன்களை உருவாக்குதல் மற்றும் PCG க்கான ஆராய்ச்சி மற்றும் மேம்பாட்டை ஊக்குவிப்பதன் மூலம் PCG இன் எதிர்காலத்தை வடிவமைப்பதில் முக்கிய பங்கு வகிக்க முடியும்.

PCG இன் எதிர்காலத்தில் கல்வித் துறையின் முக்கியத்துவத்தை வலியுறுத்தும் சில குறிப்பிட்ட வழிமுறைகள் பின்வருமாறு:

- PCG பற்றிய பாடங்கள் மற்றும் திட்டங்களை வழங்கும் கல்லூரிகள் மற்றும் பல்கலைக்கழகங்களின் எண்ணிக்கையை அதிகரித்தல்.

- PCG க்கான ஆராய்ச்சிக்கு நிதியுதவி வழங்குவதை அதிகரித்தல்.

9 798869 122902